2014년 10월 31일 초판 1쇄

글 박영선
펴낸곳 늘품플러스
펴낸이 전미정
책임편집 손시한
디자인 하동현 최정아 정진영
출판등록 2008년 1월 18일 제2-4350호
주소 서울 중구 필동 1가 39-1 국제빌딩 607호
전화 02-2275-5326
팩스 02-2275-5327
이메일 go5326@naver.com
홈페이지 www.npplus.co.kr
ISBN 978-89-93324-73-0 13590
정가 16,000원

드레이핑의 기초

박영선

늘품플러스

머리말

드레이핑은 바디위에 소재를 직접 대고 재단하는 의복 조형 테크닉으로 세부형태와 전체적인 실루엣을 관찰하면서 의복을 만드는 과정이다.

따라서 현대패션의 섬세한 조형 선을 구사하고 창의적인 디자인을 하는데 효율적인 방법이다.

의복을 만드는 과정은 2가지가 있다. 하나는 인체의 각 치수를 기본으로 하여 제도법에 따라 직선으로 구성하는 평면 제도법이고 다른 하나는 바디위에 직접 직물을 핀으로 고정해 가면서 형태를 만드는 입체재단 즉 드레이핑이다.

평면 제도법는 일정한 계산식에 의하여 설계되므로 정확성과 제도법의 이해가 요구된다. 반면에 드레이핑은 바디위에서 작업을 하므로 체형의 특징을 반영하여 기능적인 의복을 제작할 수 있다. 또한 입체적이고 조형적인 의복의 패턴을 효율적으로 구성할 수 있으나 좋은 형태를 만들기 위하여 많은 트레이닝 기술이 필요하다.

본 서에서는 드레이핑의 기초과정을 습득하는데 중점을 두어 처음으로 접하는 초급자가 보다 알기 쉽게 이해하도록 그림으로 자세하게 표현하였으며 고난이도 패턴 응용 능력을 기를 수 있는 기본과정에 중점을 두었다.

본 서를 통하여 기초자들이 드레이핑의 원리를 습득하여 새로운 디자인을 표현할 수 있는 패턴 구성능력을 갖추는데 도움이 되길 바라며 이 책이 출판되도록 수고해주신 늘품 사장님과 편집부 여러분께 감사드린다.

2014. 10. 31
박영선

목차

입체재단의 준비

I

1. 바디

바디는 인체의 형태를 만들어 놓은 것으로 다양한 표준사이즈로 구성되어있다.
현재 우리나라에는13여개의 사이즈가 있으나 일반적으로 8호와 9호를
사용하고 있다. 정확한 드레이핑디자인을 하기위하여 바디에 기초선 두르는
과정이 필요하다. 방법은 다음과 같다.

- **허리선**: 바디의 허리부분의 가장 가는 부분을 찾아 핀으로 표시한다. 앞,뒤를 수평계를 이용하여 수평으로 맞춘다.

- **앞중심선**: 앞목점에서 추를 달아 수직으로 내려서 바디가 반이 되는 선을 표시한다.

- **가슴선**: 줄자를 이용하여 B.P 점에서 허리에 수직으로 내려 B.P와 허리선 사이의 길이를 잰다. 잰 길이를 허리선에서 직각으로 하여 가슴 쪽으로 올려 핀으로 표시하고 테이프를 붙인다. 가슴선은 지면과 수평이 되도록 한다.

- **중힙선**: 허리선에서 9.5cm 내려와 라인테이프를 붙인다.

- **힙선**: 중힙선에서 9.5cm내려와 라인테이프를 붙인다.

- **뒤중심선**: 앞중심선과 같이 뒷목점에서 추를 매달아 수직으로 내려서 테이프를 붙인다.

- **목둘레선**: 뒷목점, 옆목점, 앞목점을 연결하여 붙인다. 앞 중심선과 만나는 곳의 1cm,뒤 중심선과 만나는 곳의 1.5cm 정도 수직을 이루도록 한다.

- **어깨선**: 옆 목점에서 어깨 점을 향하는 평행선을 연결하여 라인테이프를 붙인다.

- **옆선**: 어깨 점과 옆 허리 점을 연결하고 다시 옆 허리점에서 힙 선에 직각을 이루도록 한다. 땅에 수직이 되도록 바디 끝까지 연결한다.

- **암홀선**: 어깨점에서 13~13.5cm를 수직으로 내려 진동점을 표시하고 바디라인의 A.H과 자연스럽게 달걀모양이 되도록 그려준다. 뒤 암홀은 완만하고 앞 암홀은 약간 파인 형태이다.

- **뒤품선**: 뒤 중심선위에 가슴선과 목선의 2등분점을 표시한다. 이 점에서 암홀까지 수평이 되도록 테이프를 붙인다. 뒤중심선과 직각을 이루도록 한다.

- **프린세스 라인**: 어깨선의 2등분점과 중심선과 옆선의 2등분점, B.P점을 통과하는 선을 정한다. 바디의 반쪽을 프린세스라인을 정하고 그 치수를 재서 좌우대칭으로 표시한다.
  모든 라인은 좌우 대칭이 되도록 한다.
  테이프가 교차하는 곳은 핀을 꽂는다.
  곡선은 촘촘하게 직선은 2cm 간격으로 핀을 꽂아 테이프를 고정시킨다.

2. 용구와 재료

- **줄자**: 눈금이 정확하고 표면이 평평한 것

- **프라스틱자**: 50cm길이의 방안 눈금이 표시되어있는 것으로 직선을 그릴 때 사용한다.

- **직각자**: 60×36cm의 길이의 L자 모양으로 바닥에 세워 옷의 길이를 정리하는데 사용한다.

- **프렌치자**: S자형태로 네크라인, 암홀 등의 곡선을 그리는데 사용한다.

- **힙커브자**: 완만한 곡선을 그리는데 사용한다.

- **가위**: 원단용으로 끝이 날카로운 것이 좋다.

- **핀**: 드레이핑용 실크핀을 사용한다.

- **룰렛**: 작은 톱니 끝을 가진 것으로 트레이싱 지를 대고 모양을 표시하는데 사용한다.

- **트레이싱지**: 머슬린의 다른면을 표시하기위해 사용하는 카본 종이이다.

- **연필**: HB연필을 끝이 뾰족하게 하여 사용한다.

- **스타일 라인테이프**: 머슬린 위에 스타일 표시할 때 사용되며 0.3~0.4cm를 주로 사용한다.

3. 머슬린 준비

올의 방향을 바르게 하여 드레이핑을 해야 뒤틀리지 않고 원하는 실루엣을 표현할 수 있다.옷감의 올 방향대로 찢어내고 결을 바르게 잡은 후 다림질 한다.

✂ 올의 방향

올은 옷감에서 섬유나 실의 방향을 지칭한다. 식서, 푸서, 바이어스방향 등 3가지가 있다.

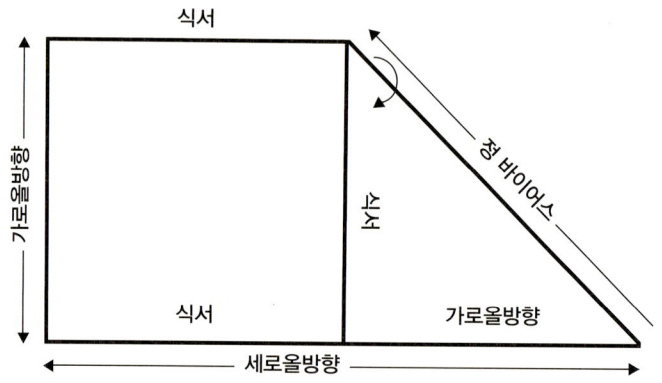

① 식서 방향

세로올 방향으로 날실 또는 경사라고 한다.

3개의 방향 중 신축성이 가장 적다.

바디의 수직선을 따라 잘 떨어진다.

광목 가장자리에 풀리지 않는 부분과 평행하다.

② 푸서방향

가로올 방향으로 씨실, 위사라고 한다.

식서와 수직을 이룬다.

식서방향보다 신축성이 약간 있다.

③ 바이어스 방향

옷감의 짜임을 사선으로 가로지르는 대각선의 올 방향이다.

식서방향이나 푸서 방향에 비하여 신축성이 크다.

옷감의 가로올이나 세로올의 45도가 될 때 정바이어스가 된다.

드레이프성이 좋아 주름이 부드럽게 표현된다.

✄ 찢어내기

머슬린의 필요 양을 계산하여 가로, 세로 올 방향으로 찢어낸다. 필요양은 여유분, 시접분을 포함하여 계산 한다.

머슬린의 가장자리에 가위 밥을 주어 올 따라 고르게 손으로 세게 찢어낸다.

🏃 올방향 바로 잡기

올 방향을 바로 잡아 가로올, 세로 올이 바른 각도가 되도록 한다.

올이 비틀린 옷감을 가로올, 세로 올의 교차 각도가 직각이 되도록 대각선의
반대 방향으로 잡아당긴다.

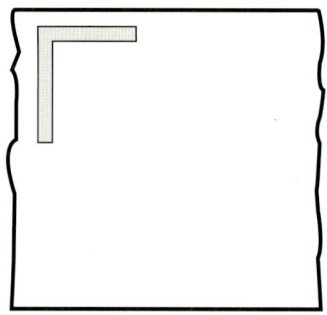

🏃 다림질 처리

정리된 머슬린에 스팀다리미를 하여 자리를 잡아준다. 이때 바이어스 방향으로
다리지 않는다.

마른 다림질을 하여 올이 잘 정리 되도록 한다.

4. 핀 꽂는 방법

드레이핑은 완성된 실루엣을 핀으로 꽂아 만들어가므로 옷감을 고정하기 쉽고 작업하기 편리한 방법으로 꽂아야 한다.

✄ 맞잡아 꽂기

머슬린의 양쪽을 맞잡아 꽂는다. 바디에 꼭 맞게 할 경우에 쓰이며 핀의 위치가 완성선이다.

✄ 접어 붙여 꽂기

한쪽의 머슬린의 시접을 접어서 꽂는 방법으로 완성선의 위치를 확인하거나 핀을 꽂은 채로 가봉할 때 이용한다.

✄ 겹쳐 꽂기

두장의 머슬린을 겹쳐 꽂는 방법으로 몸 판의 옆선, 스커트의 옆선 등에 이용한다.

⚰ 공그르는 형태로 꽂기

접혀진 끝으로 핀을 넣어 다시 접혀진 끝으로 핀이 나오도록 하는 방법으로 공그르듯이 꽂는다.

접혀진 끝이 완성선이며 소매를 붙일 때 쓰인다.

상의원형 및 다아트 변형

II

1. 허리 다아트와 어깨 다아트
(Waist Dart&Shoulder Dart)

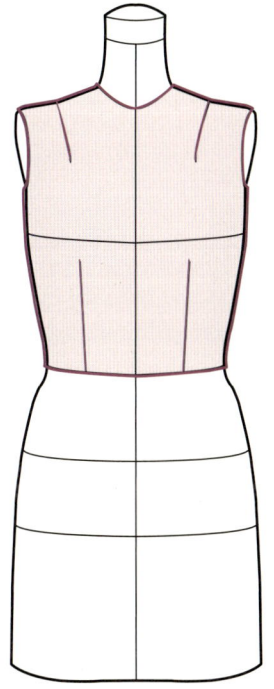 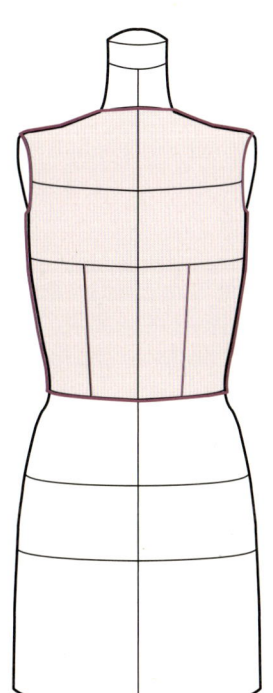

🪡 앞판

① 준비

식서 방향에 따라 머슬린을 찢어낸다.

- **머슬린의 길이**: 바디의 목에서 허리까지 길이+10cm

- **머슬린의 폭**: 앞중심의 가슴선에서 옆선까지 길이+10cm
  머슬린의 가로,세로로 직각으로 맞춘 후 다림질 한다.
  식서 방향 가장자리에 2.5cm들어가 수직선으로 앞 중심선을 긋는다.
  앞 중심선을 이등분하여 가슴선을 긋는다. 가슴선을 바디의 가슴정점에
  대고 핀으로 꽂아 B.P를 정한다.
  B.P와 옆선을 이등분하여 가이드라인을 만든다.

2 드레이핑, 마킹

앞중심선에 핀을 꽂는다.

B.P점 양쪽에 핀을 꽂는다.

가슴선상에 0.3cm여유를 주고 핀을 꽂는다.

가이드라인(B.P와 옆선을 이등분한 선)이 허리선과 수직이 되도록 맞춘다.

허리에 다트을 잡고 핀으로 고정한다.

네크라인에 가위밥을 주고 가슴선과 수직이 되게 머슬린을 쓸어 올려 어깨 다트의 분량을 정한다.

암홀에 가위 밥을 주고 시접 2cm을 준다.

어깨다트와 허리다트의 끝점을 핀으로 표시한다.

앞 중심에 +표시하고 목둘레선을 따라---표시한다.

어깨솔기의 다트의 양쪽 끝에 +표시하고 어깨솔기와 암홀선의 교차점에 +표시한다.

어깨다트와 허리다트의 끝점을 +표시한다.

옆선과 허리선을 따라 ---표시한다.

목둘레선에 ---표시한다.

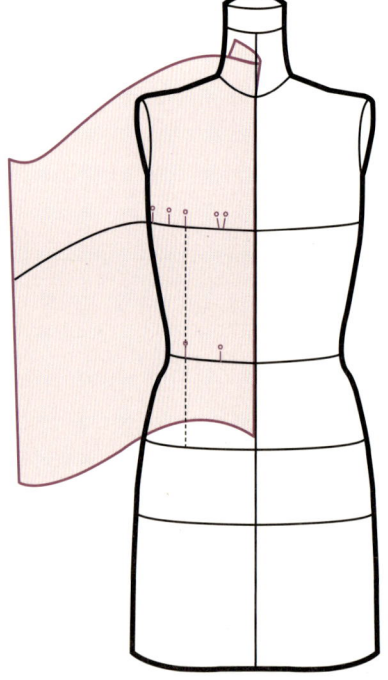
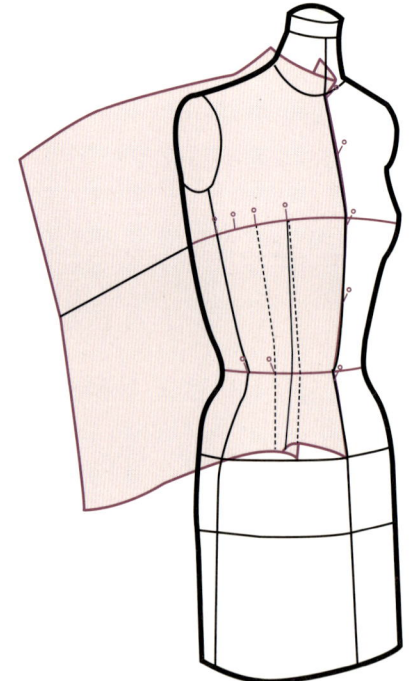

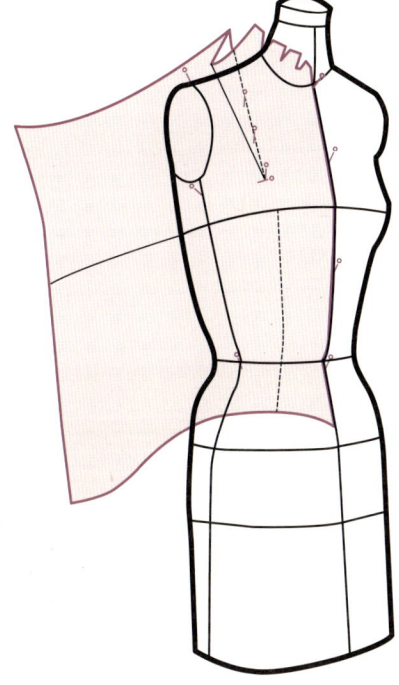

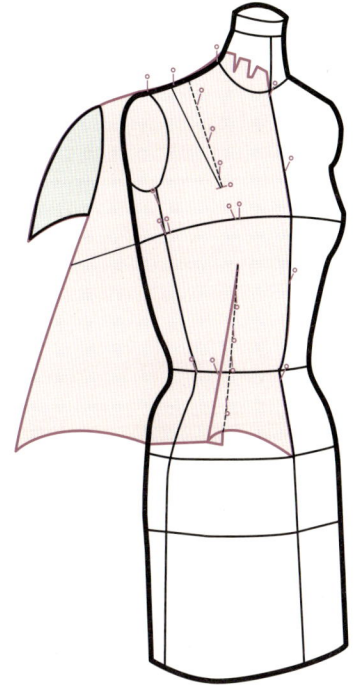

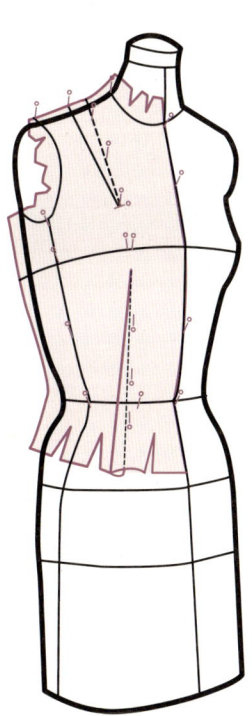

⚔ 뒤판

❶ 준비

- **머슬린의 길이:** 바디의 목에서 뒤중심허리까지 길이+10cm

- **머슬린의 폭:** 뒤 바디의 가장 넓은 부분에서 옆선까지 길이+10cm

❷ 드레이핑, 마킹

앞판과 같은 방법으로 가슴선을 맞추어 뒤중심선에 핀을 꽂는다.

가슴선에서 어깨를 향해 직선을 쓸어 올려 어깨에 핀을 꽂는다.

허리다트는 뒤중심선과 옆선의 이등분선에서 잡는다.

허리다트 끝부분에 핀을 꽂는다.

목둘레선과 뒤중심선이 만나는 점을 +표시한다.

뒤목둘레선에 ---표시한다.

허리다트 끝점에 +표시한다.

어깨선과 옆선을 따라 앞, 뒤판을 연결한다. 허리선을 ---표시한다.

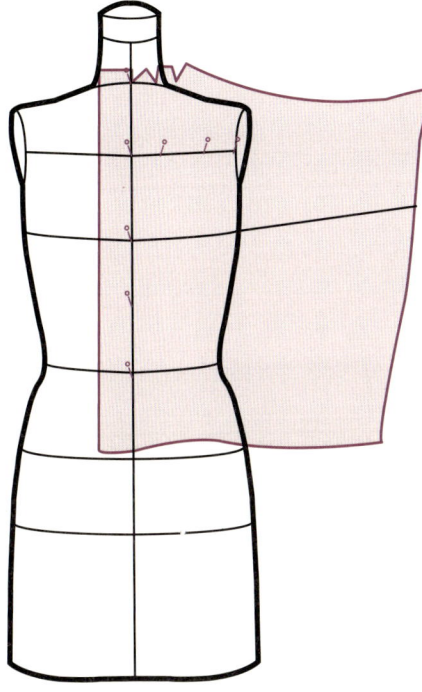

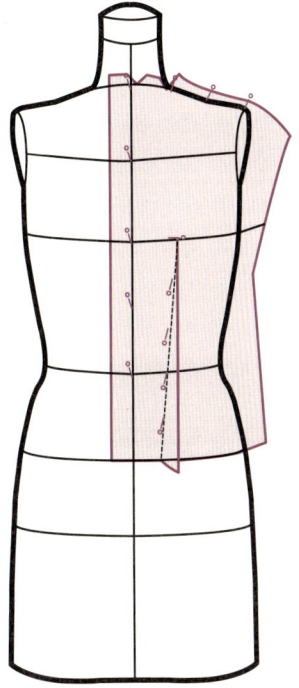

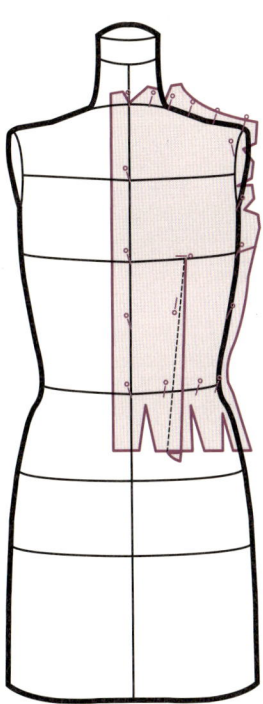

3 정리

● **앞허리다트**: B.P점에서 약2cm 떨어진 곳과 허리선상의 다트 마크한곳을 커브자를 사용하여연결한다.

● **앞어깨다트**: B.P점에서 약1.5~2cm 떨어진 곳과 양쪽 다트 끝을 직선 자를 사용하여 연결한다.

● **뒤허리다트**: 뒤다트 끝점과 허리선상의 다트 연결점을 직선으로 긋는다. 허리선상의 부분은 커브자를 이용하여 자연스럽게 연결한다.

● **뒤,앞목둘레선**: 뒤목점, 옆목점, 앞목점을 연결하는 곡선을 프렌치 자를 이용하여 그린다.

● **암홀선**: 프렌치 자를 사용하여 그린다.

● **옆선**: 겨드랑이에서 허리선까지는 직선으로 그리고 허리선에서에서 햄 라인 까지는 커브자를 이용하여 자연스럽게 연결한다.

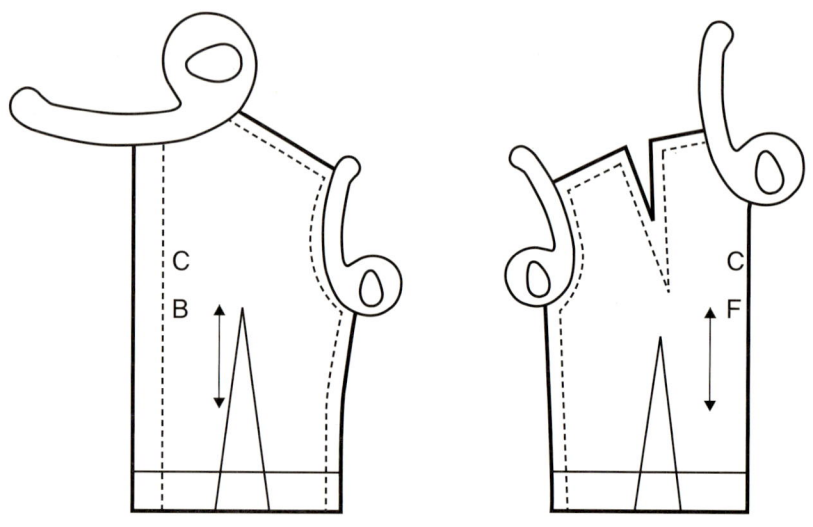

❹ 패턴

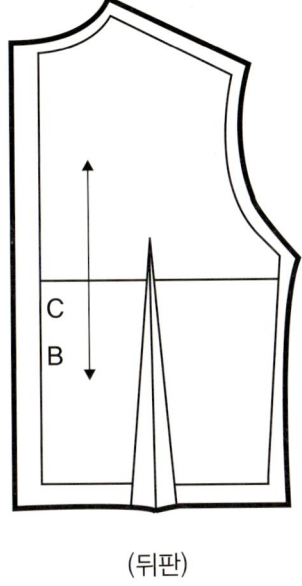

(뒤판)

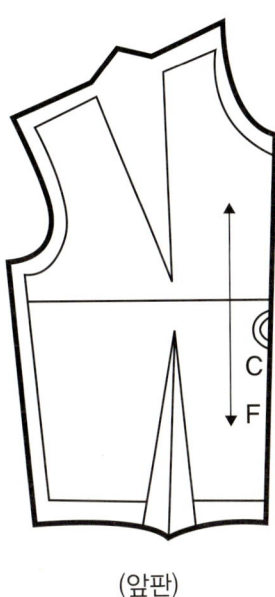

(앞판)

II. 상의원형 및 다트 변형

31

2. 언더암 다아트
(Underarm Dart)

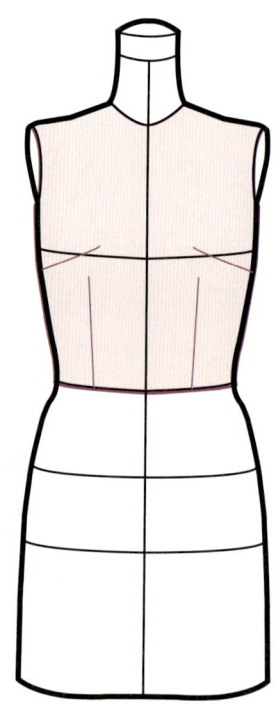

옆선에서 B.P로 향하여 다아트를 잡고 허리부분에서 다아트를 잡는다.

❶ 준비

1. 어깨다아트 허리다아트와 같이 머슬린을 준비한다.

❷ 드레이핑, 마킹

머슬린을 앞중심선과 B.P를 1의 원형과 같은 방법으로 핀을 꽂는다.

옆선에서 B.P점을 향하여 다아트를 잡는다.

허리 다아트는 1의 원형과 같은 방법으로 잡는다.

목둘레는 가위 밥을 주고 2cm의 시접을 남긴다.

다아트 끝점에 +표시한다.

목둘레선, 허리선에 ---표시한다.

암홀라인에 가위 밥을 주고 라인테이프로 선을 표시한다.

뒤판은 1의 허리다아트와 어깨다아트를 참고한다.

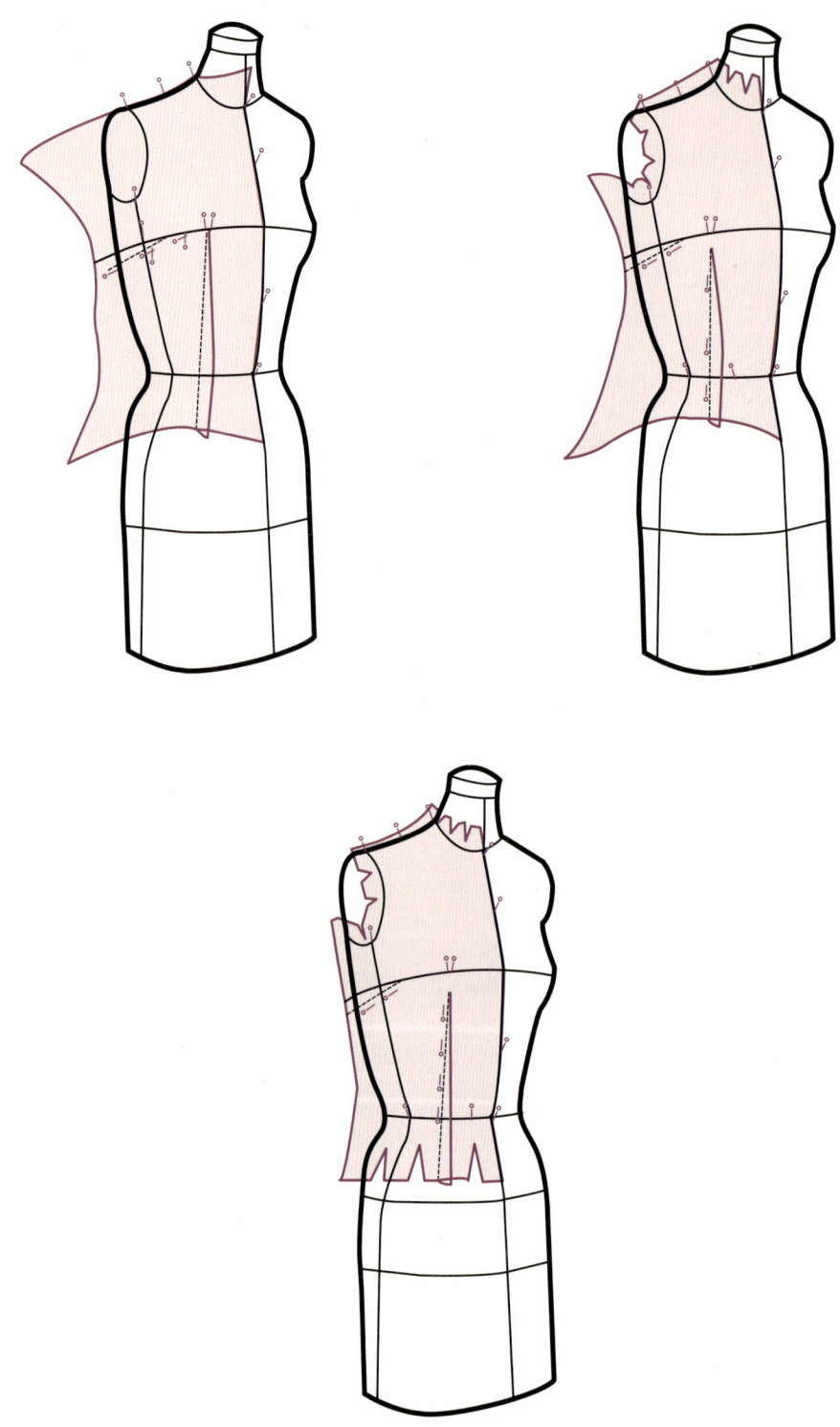

3 패턴

C
F

(앞판)

3. 암홀 다아트
(Armhole Dart)

암홀에서 B.P점을 향하여 다아트를 잡고 허리에 다아트를 잡는다.

❶ 준비

1의 허리 다아트와 어깨 다아트와 같은 방법으로 머슬린을 준비한다.

뒤판은 앞의 허리다아트와 어깨다아트와 동일하므로 생략한다.

❷ 드레이핑, 마킹

머슬린을 앞중심선과 B.P점에 꽂는다.

가슴위부분의 가로 올을 평편하게 하여 암홀과 어깨 교차점에 핀을 꽂는다.

앞목둘레에 가위 밥을 주고 2cm의 시접을 둔다.

어깨선에 핀을 꽂고 가슴선위에 남은 부분을 암홀라인에서 B.P를 향하여 다아트를 잡고 핀을 꽂는다.

가슴선에서 허리부분에 남는 부분을 허리 다아트로 잡고 핀을 꽂는다.

암홀에 가위 밥을 주어 라인을 정하고 옆선의 시접을 남기고 자른다.

다아트의 끝점에 +표시한다.

암홀에 라인테이프를 붙이고 목선과 허리선에 ---표시한다.

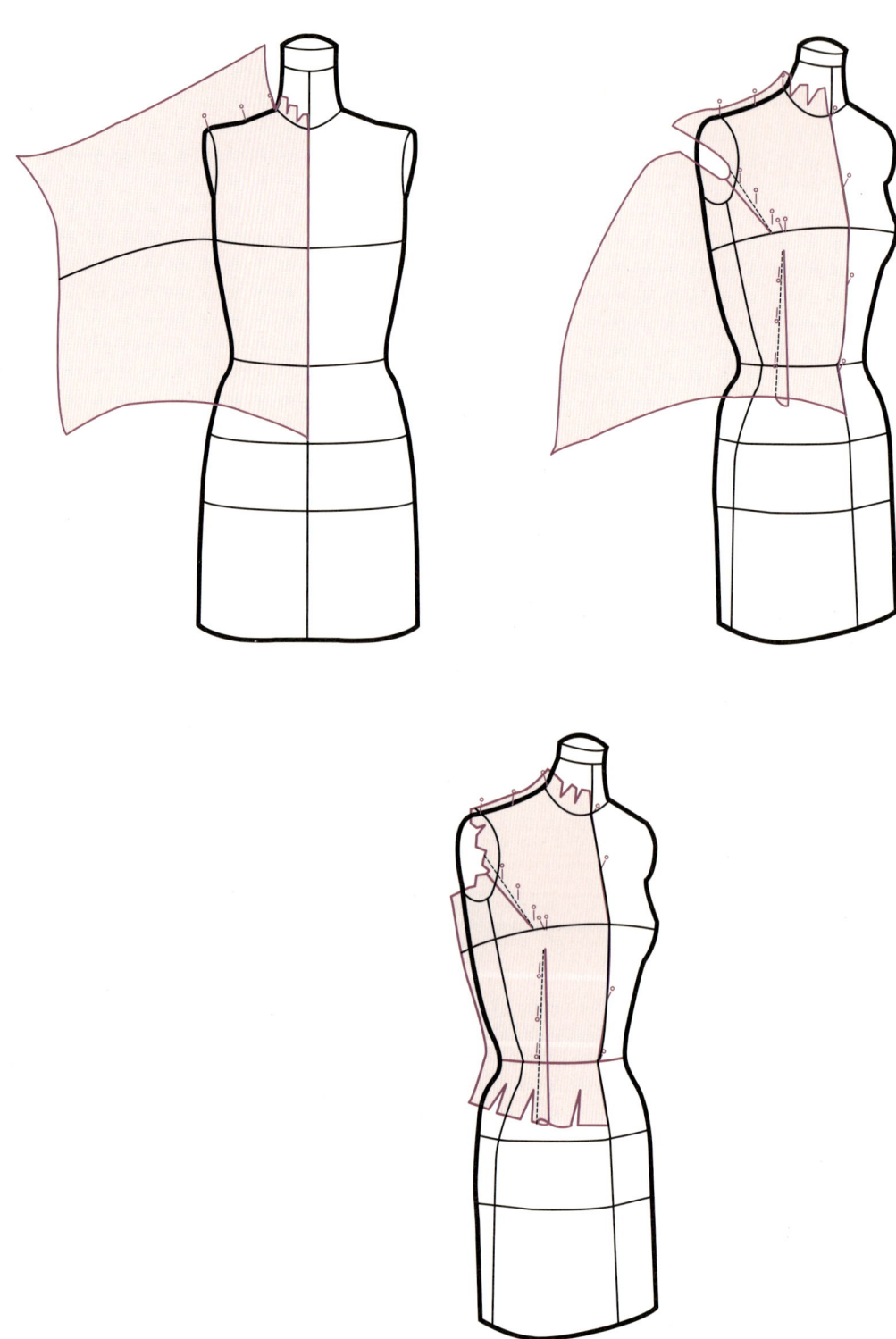

❸ 패턴

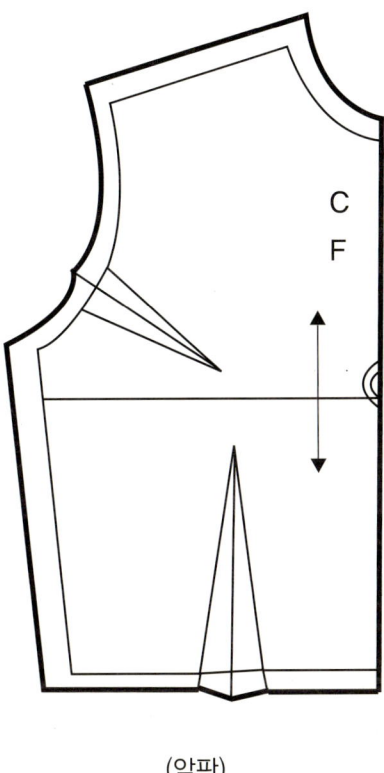

C
F

(앞판)

4. 프렌치 다아트
(French Dart)

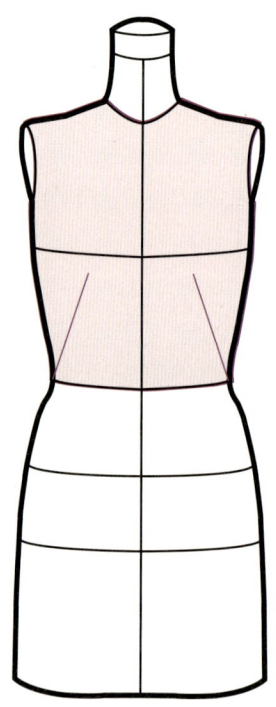

옆선허리부분에서 B.P를 향하여 사선으로 다아트를 잡는다.

1 준비

앞의 허리 다아트와 어깨 다아트와 같은 방법으로 머슬린을 준비한다.

❷ 드레이핑, 마킹

앞 중심선과 B.P의 양옆에 핀을 꽂는다.

어깨선에 핀을 꽂고 네크라인에 가위 밥을 주면서 드레이프한다.

가슴위부분에서 아래로 쓸어내리면서 암홀과 옆선이 만나는 곳에 핀을 꽂는다.

허리선과 가슴선 아래에 남은 여유를 다아트로 잡아주고 핀을 꽂는다

허리선과 옆선이 만나는 지점에서 2cm위에서부터 B.P로 향하도록 다아트의 위치를 정한다.

다아트의 시작과 끝점을 마크를 하고 목둘레선도 허리선도 표시한다.

뒤판은 앞의 허리 다아트와 어깨 다아트와 동일하므로 생략한다.

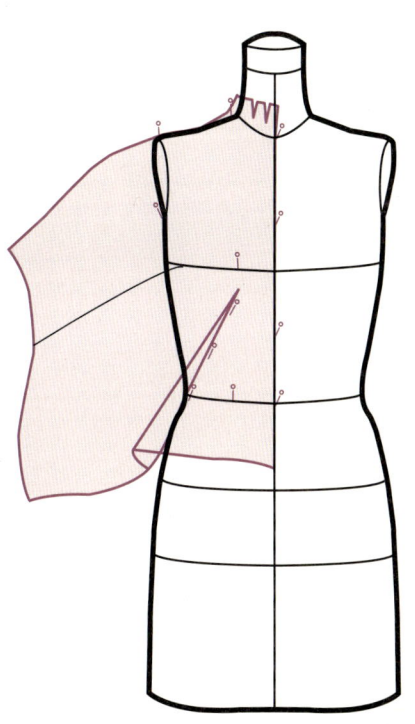 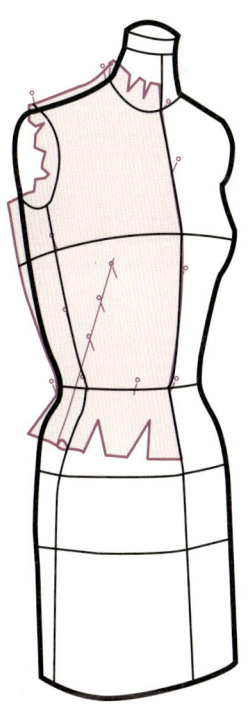

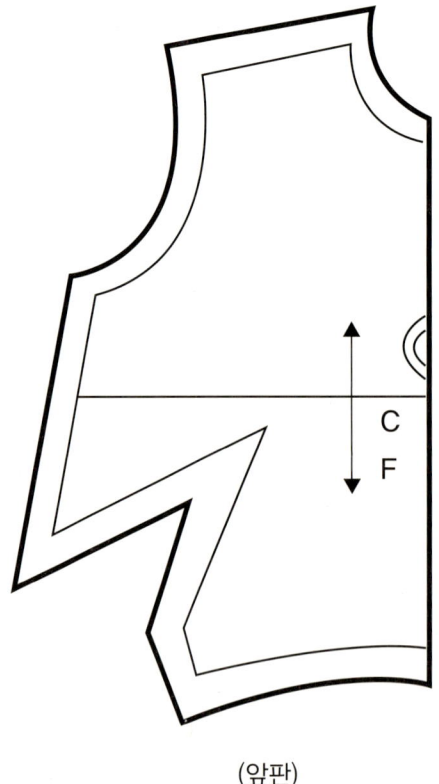

(앞판)

5. 허리와 앞 중심 다아트
(Waistline and Center Front)

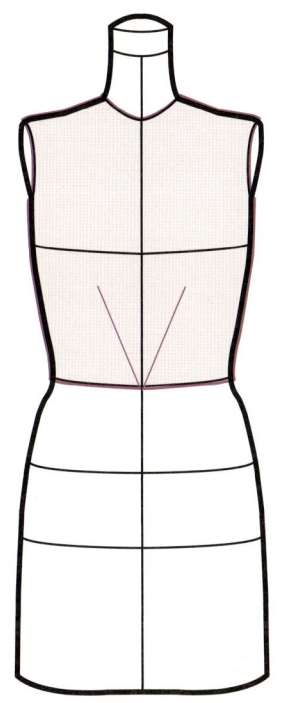

1 준비

앞의 허리 다아트와 어깨 다아트와 같은 방법으로 머슬린을 준비한다.

❷ 드레이핑, 마킹

앞 중심선과 B.P의 양옆에 핀을 꽂는다.

네크라인에 가위 밥을 주면서 2cm의 시접을 남긴다.

어깨에 핀을 꽂고 암홀 아래 부분으로 쓸어내리면서 암홀 부분과 옆선이
만나는 지점에 핀을 꽂는다.

머슬린의 남은 부분으로 앞 중심 쪽으로 향하여 다아트를 잡는다.

다아트, 암홀, 목둘레선, 허리선, 옆선을 마크한다.

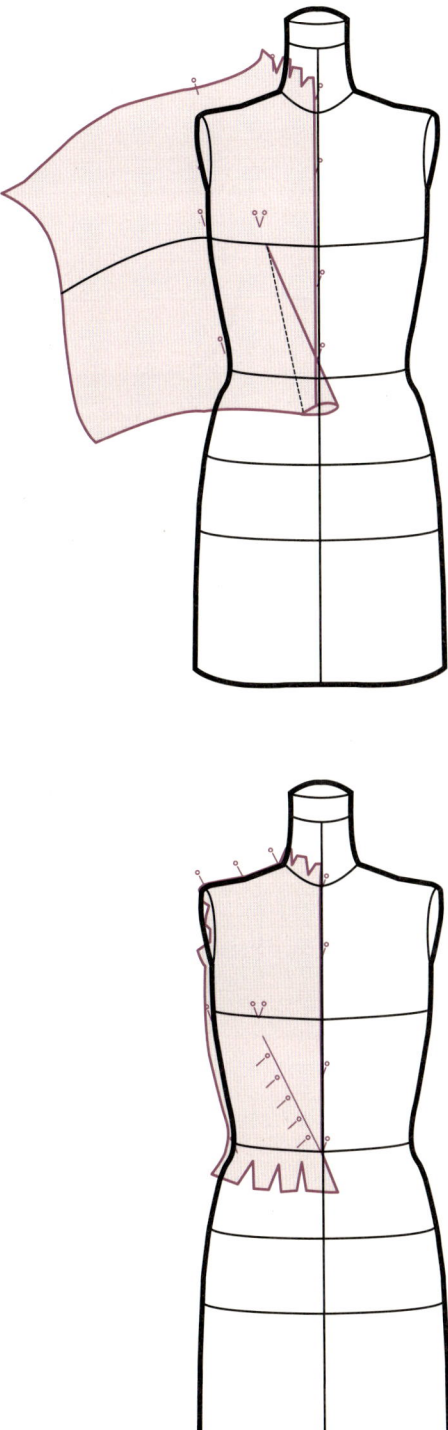

❸ 패턴

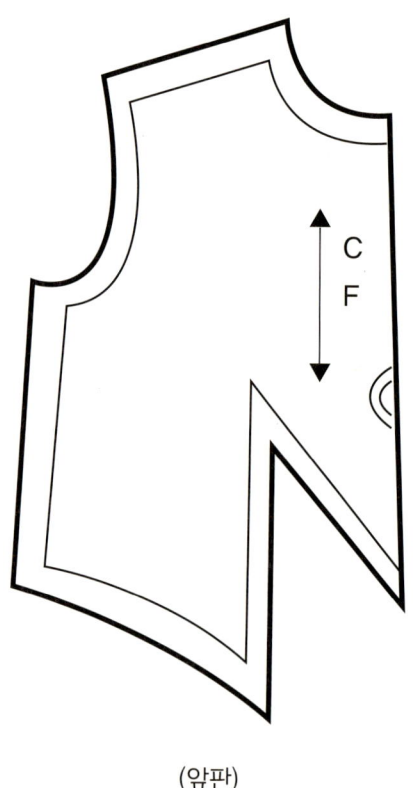

C
F

(앞판)

스커트 Ⅲ

1. 타이트 스커트
(Tight Skirt)

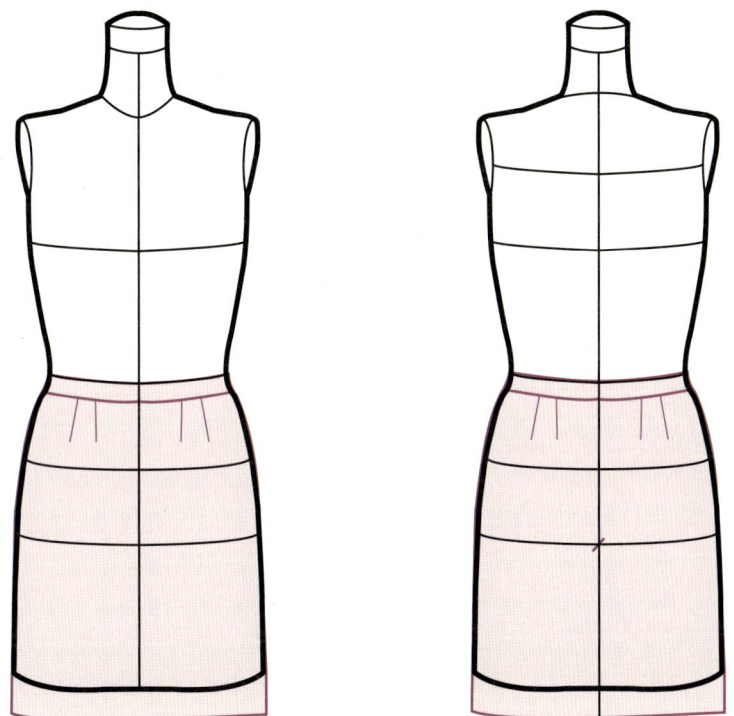

타이트 스커트는 힙라인에서 스커트 끝단까지 직선인 스커트로 앞, 뒤 허리에
다아트가 있다.

❶ 준비

- **머슬린 길이**: 스커트 길이+10cm

- **머슬린의 폭**: 앞중심에서 옆선까지의 길이+10cm
  뒤중심에서 옆선까지의 길이+10cm
  앞중심선과 뒤중심선에 시접분 2.5cm,옆선에 2cm을 긋는다.
  허리에서 19cm 내려와 엉덩이 둘레선을 긋는다.

❷ 드레이핑, 마킹

허리선과 앞중심선이 만나는 지점 5cm를 마크하고 그 마크 점을 허리중심선에 놓는다.

머슬린의 앞 중심선과 바디의 앞 중심선을 일치시켜 핀을 꽂는다.

머슬린의 가로올 방향을 바닥과 평행이 되도록 하여 힙선에 핀을 꽂는다.

힙선을 수평으로 유지하면서 여유분을 1cm 정도 준다.

바디의 옆솔기와 허리선이 만나는 옆선부분에서 가볍게 중심쪽으로 밀어내면서 다아트를 잡아준다. 너무 당기지 않도록 하며 허리둘레선에 수직으로 내려 식서방향을 맞춘다.

바디의 앞 중심선과 바디의 옆선이 남는 부분이 다아트 분량이 된다.

다아트를 주름지지 않도록 자연스럽게 잡고 프린세스라인을 따라 허리둘레선 아래로 내려오지 않도록 한다.

다아트 2개를 잡을 경우 하나는 프린세스라인에 다른 하나는 옆선과 프린세스라인 이등분점에 잡는다. 다아트 양이 몸판 쪽이 가장 길다.

옆선에 곡선에 생기는 여유분으로 이즈분으로 처리한다.

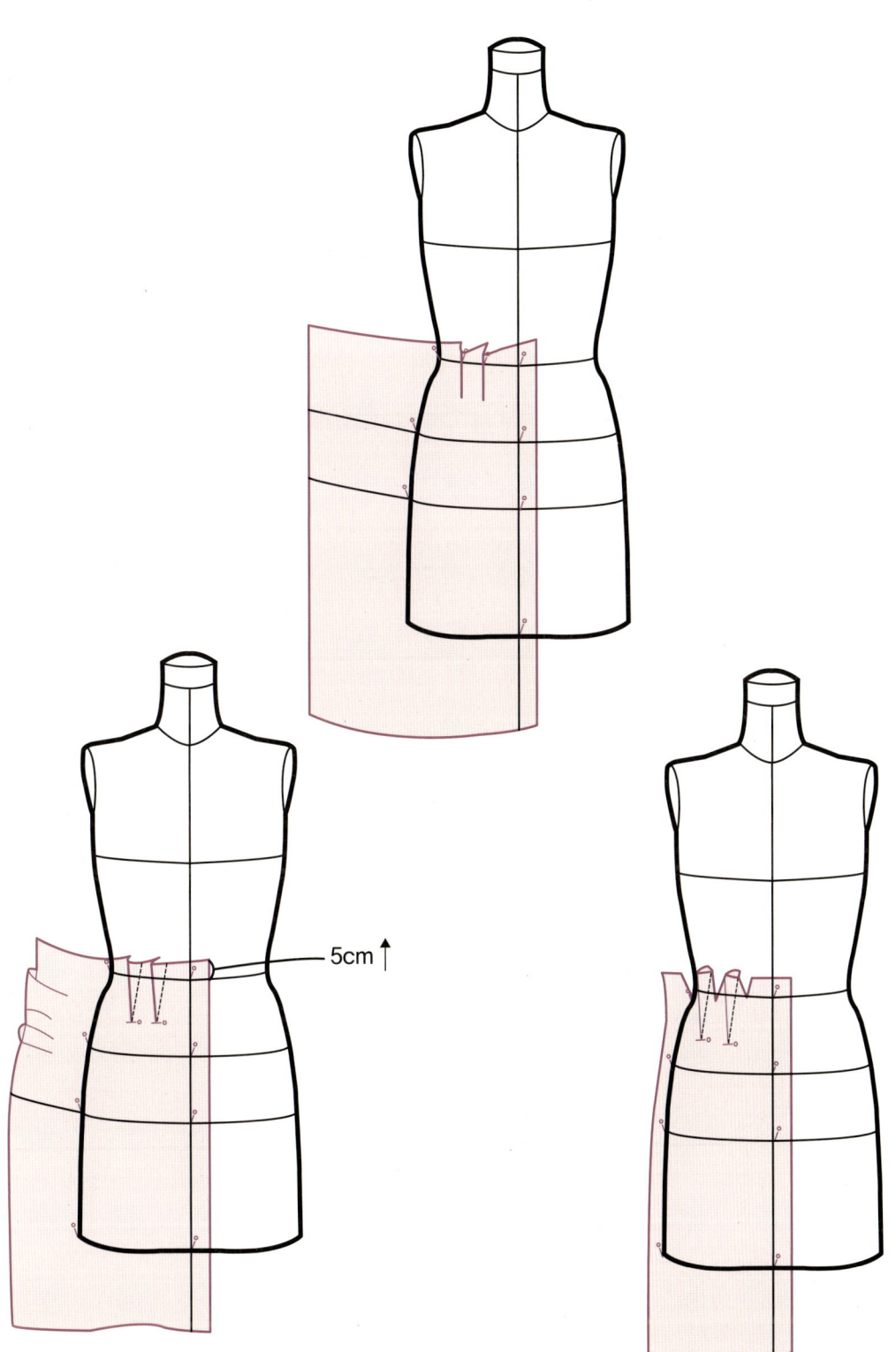

5cm ↑

⚔ 뒤판

앞판과 같이 머슬린의 뒤 중심선과 바디의 뒤 중심선을 일치시켜 핀 고정한다.

앞판과 같은 방법으로 힙 선상에 1cm여유를 주고 핀을 꽂는다.

다아트 잡는 방법은 앞판과 같다.

바닥에서 직각자를 이용하여 스커트의 길이를 정하여 핀을 꽂는다.

앞,뒤 다아트, 허리선, 스커트 길이에 마크한다.

다아트의 중심선을 찾아 직선자를 이용하여 그린 후 다아트를 표시한다.

옆선, 허리선은 힙 커브자를 이용하여 긋는다.

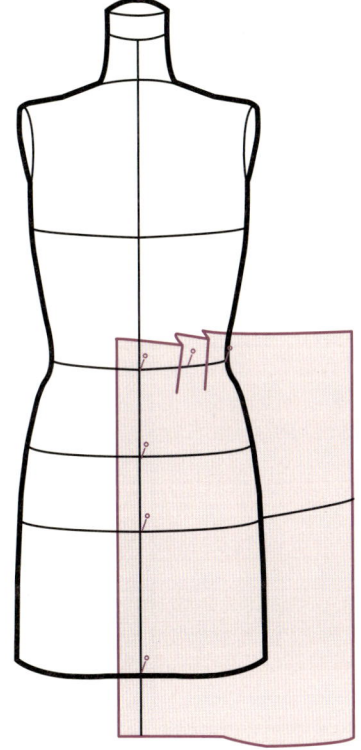

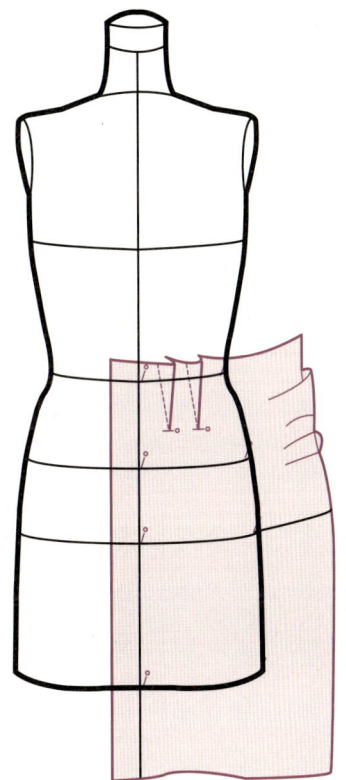

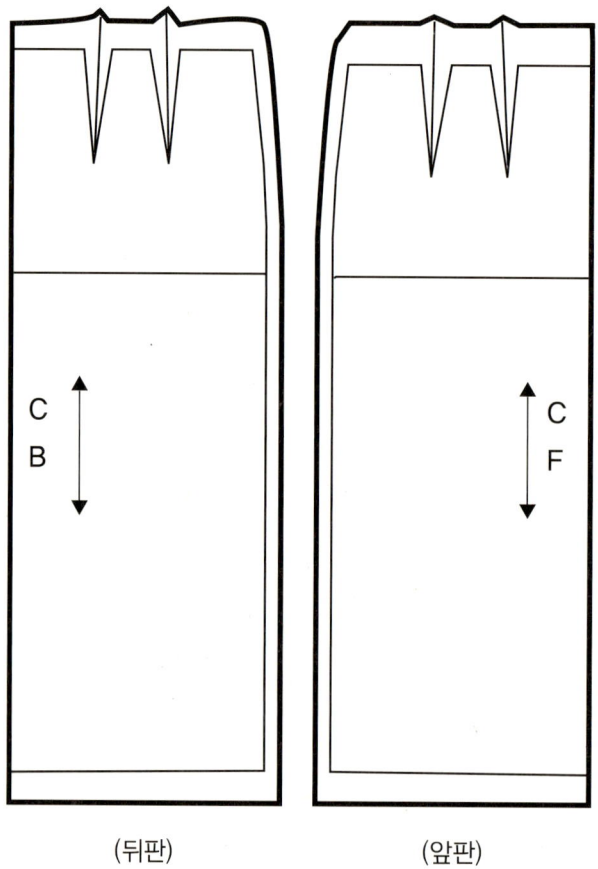

(뒤판)   (앞판)

2. 개더 스커트
(Gather Skirt)

허리부분에 잔주름을 잡은 스커트로 편안하고 풍성해 보인다. 많은 개더를 줄
경우 머슬린을 연결한다. 이때 식서 방향에 유의해야한다.

❶ 준비

- **머슬린의 길이**: 원하는 스커트 길이+4cm(치맛단 분량)

- **머슬린의 폭**: 스커트의 전체폭의 1/4+앞,뒤 중심의 시접분량(각2.5cm)+옆선의 시접(2cm) 앞, 뒤중심선에 시접분량 2cm, 옆선에 2cm을 긋는다.

❷ 드레이핑, 마킹

앞중심선에서 옆선까지 허리선에 홈질하여 잡아당긴다.

주름을 자연스럽게 만지고 잡아당김 실은 자르지 않고 남긴다.

뒤판도 앞판과 같이 뒤중심선에서 옆선까지 홈질하여 잡아당긴다.

앞중심선과 뒤중심선에 핀 고정한다.

스타일 라인테이프를 이용하여 엉덩이 둘레선에 두른다.

주름을 자연스럽게 정리하여 마크한다.

바닥에서 직각자를 이용하여 스커트의 길이를 정하여 마크한다.

앞중심에서 옆선까지 잡아당겨진 거리를 잰다. 뒤판도 같은 방법으로 한다.

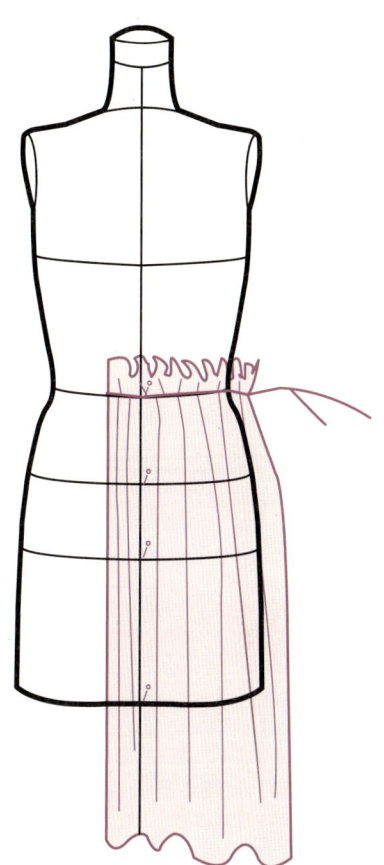

❸ 패턴

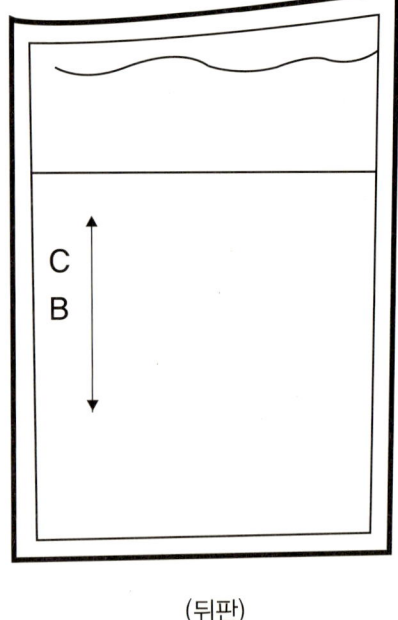

(뒤판)

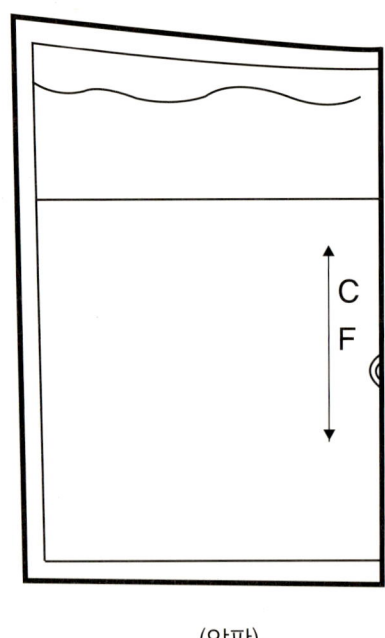

(앞판)

3. 플레어스커트
(Flare Skirt)

허리부분은 인체와 밀착하면서 스커트 단쪽으로 넓어지는 스타일로 앞중심이 식서가 되는 경우, 옆선이 식서가 되는 경우, 프린세스 라인이 식서가 되는 경우가 있다.

기본적인 플레어스커트로 앞중심선이 식서가 되는 경우를 제작해보도록 한다.

❶ 준비

- **머슬린의 길이**: 원하는 스커트의 길이+12cm

- **머슬린의 폭**: 90cm
  앞중심에 시접 5cm을 남기고 식서 방향으로 선을 긋고 머슬린 끝에서 12cm을 내려가 허리를 표시한다.

❷ 드레이핑, 마킹

바디의 앞중심선에 머슬린의 앞중심선을 대고 핀 고정한다.

허리선을 정한 점을 바디의 허리에 핀 고정한다.

허리에 가위밥을 주면서 머슬린의 방향을 틀어준다.

허리부터 중힙라인까지 주름이지지 않도록 한다.

플레어가 두개의 경우 하나는 프린세스라인에 다른 하나는 프린세스와 옆선 사이 1/2지점에 넣는다. 플레어가 많을 경우 위치와 양을 균일하게 한다.

드레이프를 잡고 시작되는 지점에 핀 고정한다.

스커트 단을 정하여 스타일 라인테이프를 붙인다.

허리선, 옆선, 플레어의 시작 위치를 마크한다.

뒤판도 앞판과 같이 드레이핑하고 마크한다.

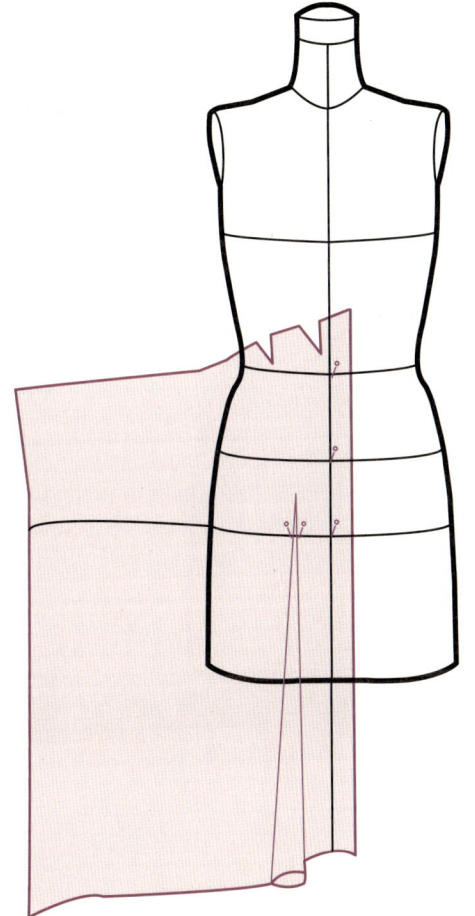
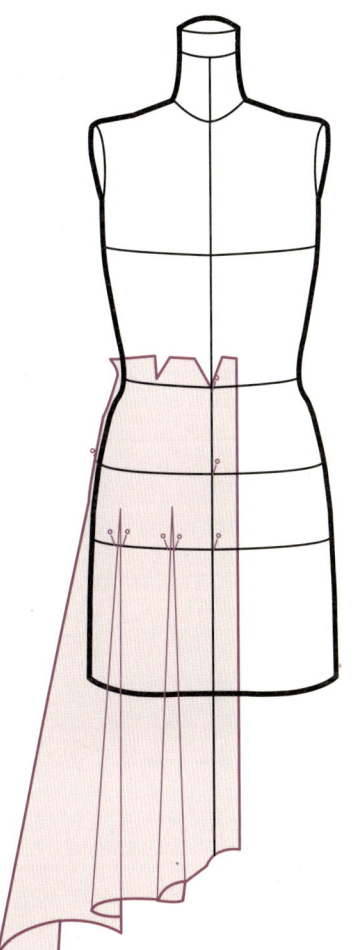

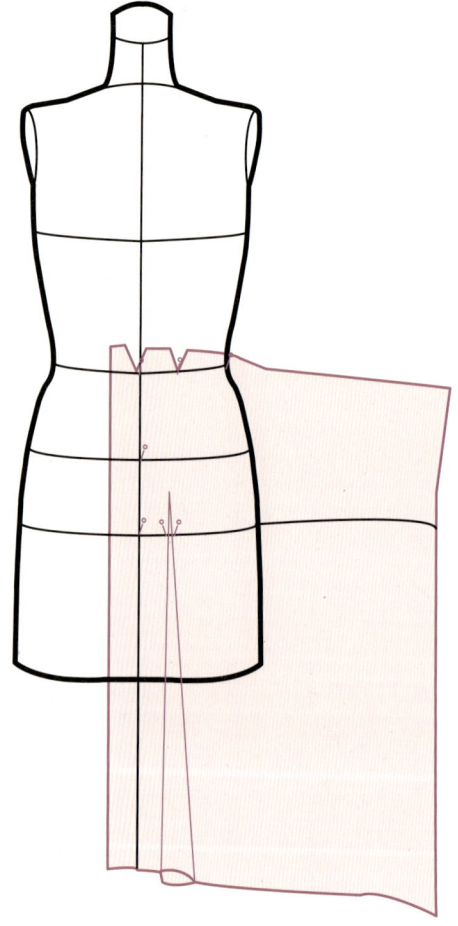

❸ 패턴

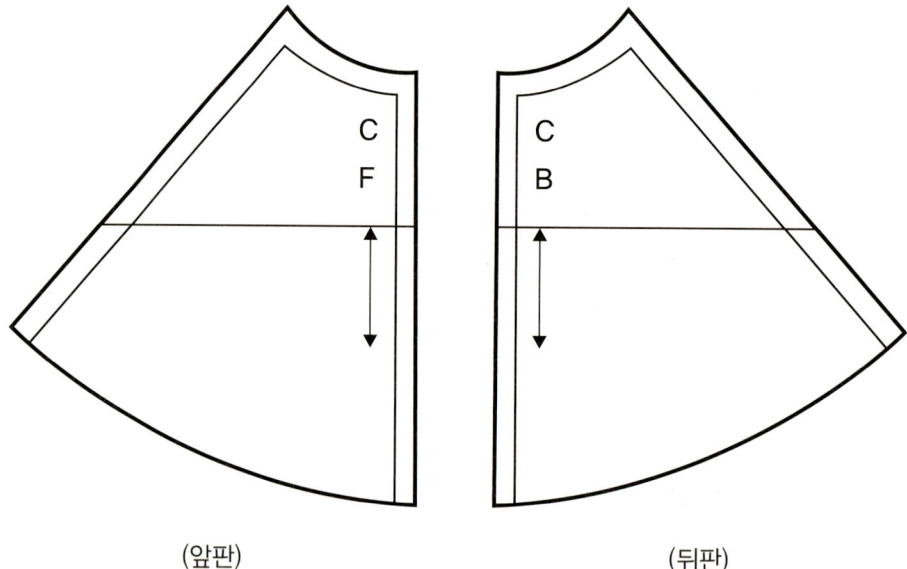

(앞판) (뒤판)

4. 페그 스커트
(Peg Skirt)

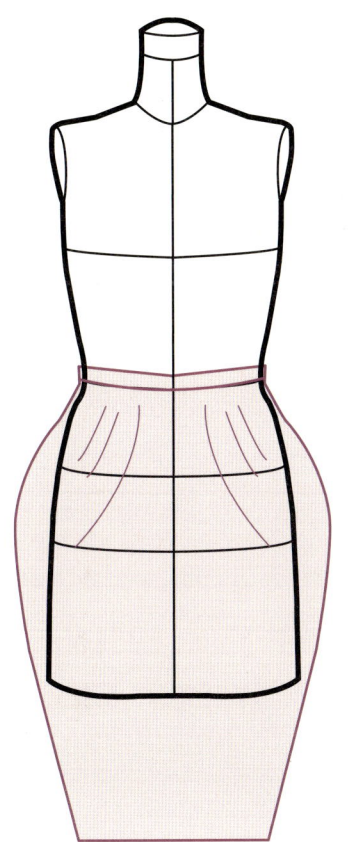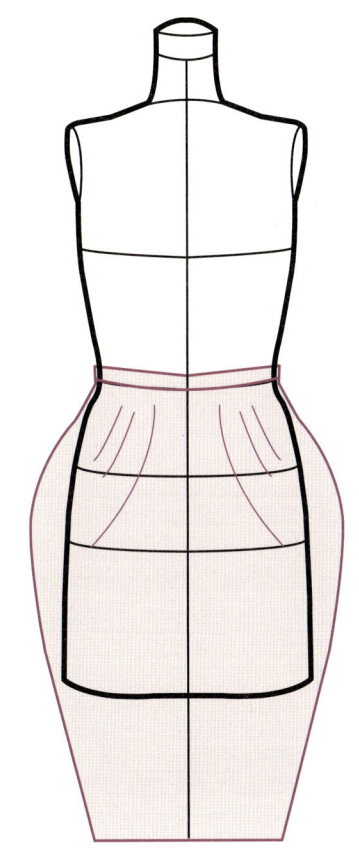

페그 스커트는 힙 부분을 풍성하게하고 스커트 단으로 갈수록 좁아지는
형태이다.

주름의 양과 소재에 따라 과장된 원추형 실루엣이 될 수 있고 자연스러운
드레이프 스커트를 표현할 수가 있다. 뻣뻣한 소재는 페그의 형태를
두드러지게 강조할 수 있다.

옆선이 있는 페그 스커트와 옆선이 없는 페그 스커트 두가지 형태가 있다.

옆선이 없는 페그 스커트는 뒷중심이 식서가 되고 제작 방법은 다음과 같다.

❶ 준비

- **머슬린의 길이**: 원하는 스커트의 길이+25cm

- **머슬린의 폭**: 머슬린의 전체 폭

  머슬린의 뒤중심에 2.5cm의 시접을 남기고 식서를 표시한다.

  머슬린의 윗부분 가장자리에 7.5cm내려 허리선을 정하여 마크한다.

  허리선에서 19cm 내려와 힙선을 정하고 가로선을 긋는다.

❷ 드레이프, 마킹

바디의 뒤중심선에 머슬린의 뒤중심을 대고 핀 고정한다.

머슬린의 위 가장자리를 잡고 허리선 가장자리가 세워지도록 바디를 둘러 앞쪽으로 가져가 핀 고정한다. 이때 머슬린의 아랫부분은 바디에 밀착되도록 한다. 앞중심은 바이어스 방향이 된다. 움직임의 여유를 위해서 여유분을 바디의 끝에서 1cm 여유를 준다.

스타일 테잎이나 고무줄로 허리를 묶고 페그의 형태를 만든다.

스커트단을 디자인하여 스타일 라인테이프를 두른다.

주름의 분량마다 마크하고 주름을 접고 시접을 정리한다.

스커트 단은 곡선이므로 시접 분을 3cm넘지 않도록 한다.

바디에 다시 입혀서 가봉한다.

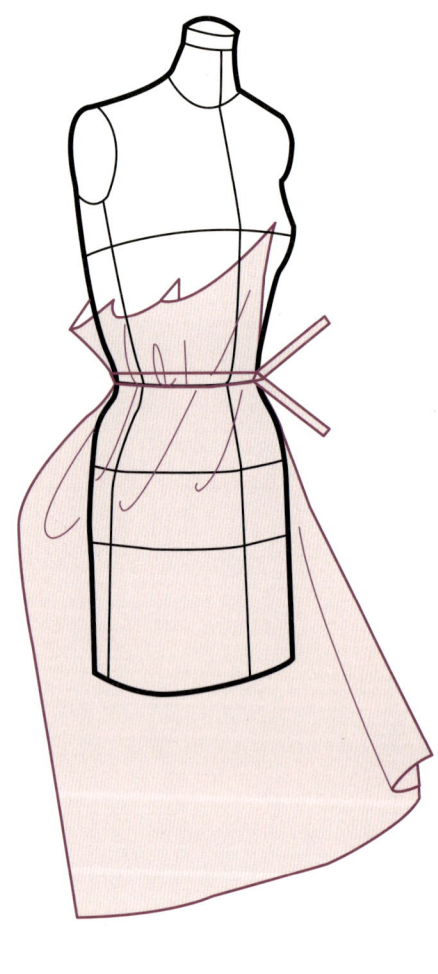

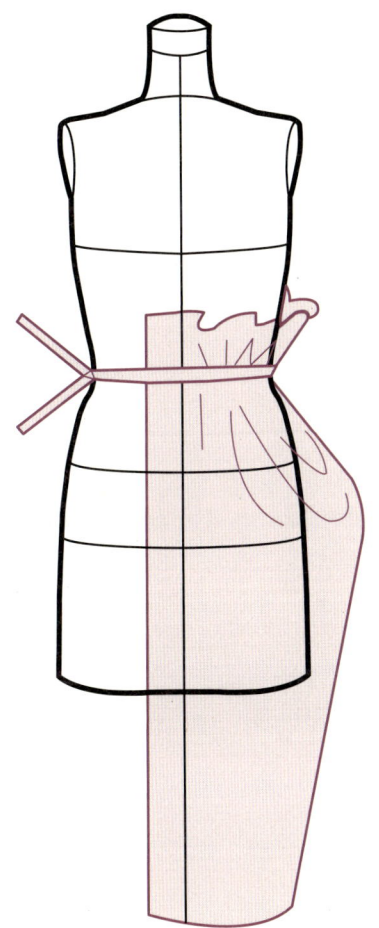

3 패턴

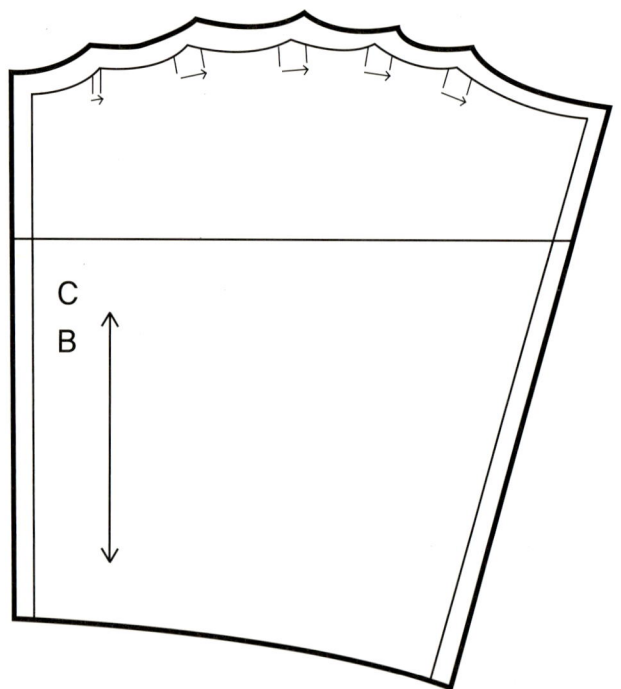

C
B

5. 랩 스커트
(Wrap Skirt)

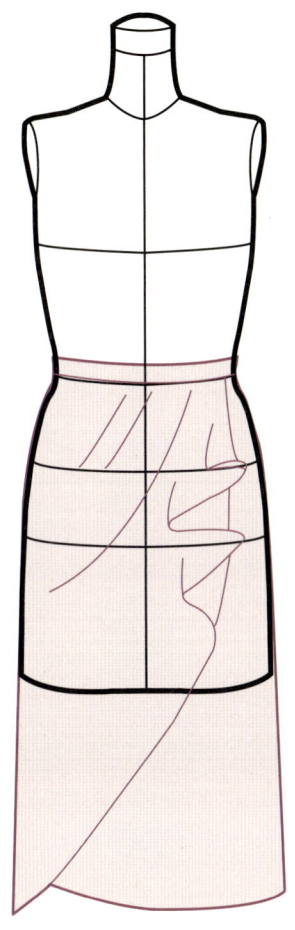

허리에 주름을 주어 오버랩한 스커트로 허리 한쪽으로 주름을 끌어올려
고정하고 나머지 부분은 그대로 드레이프한다.

❶ 준비

- **머슬린의 길이**: 원하는 길이+15cm

- **머슬린의 폭**: 앞 판의 힙의 폭+40cm
  머슬린의 중간에 식서를 긋고 그 식서선의 윗부분을 7cm 가윗밥을 준다.

❷ 드레이프, 마킹

머슬린의 중간에 7cm 가위밥을 준 부분을 바디의 허리와 옆선의 만나는 부분에 댄다.

식서라인을 옆선에 맞추고 핀 고정한다.

허리선에 가위밥을 주면서 중심쪽으로 부드럽게 쓸어준다.

첫 번째 주름을 앞중심선을 지나서 허리쪽으로 만든다. 주름은 뒤틀리지 않도록 한다.

첫 번째 주름이 앞중심과 만나는 지점에 마크한다.

두 번째 주름은 첫번째주름과 약 1.5cm간격을 두고 잡는다. 첫 번째 주름보다 깊이 접는다.

세 번째 주름도 같은 방식으로 한다. 마지막 주름을 고정하고 25~30cm의 머슬린을 남겨 드레이프 되도록 한다. 자연스럽게 떨어지게 하기위해서 마지막 주름 허리선에 가위밥을 준다.

주름부분을 표시하며 허리선을 마크 한다.

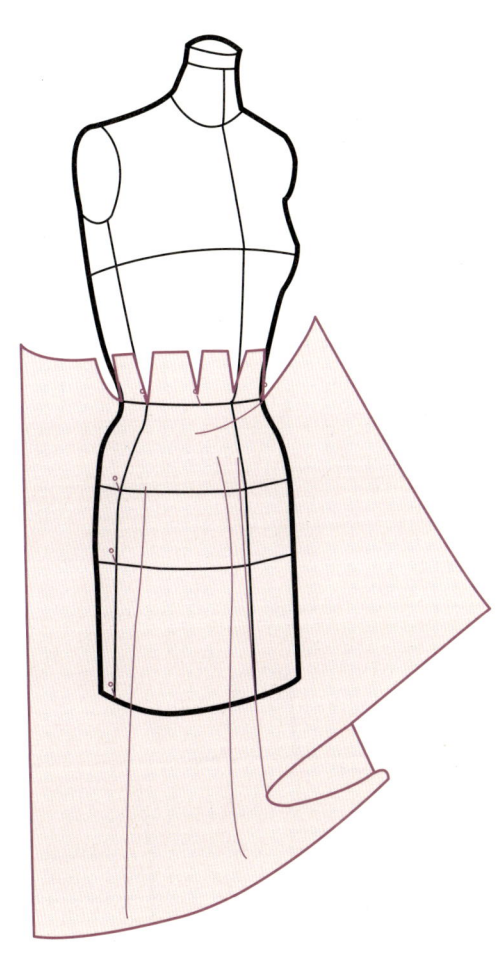

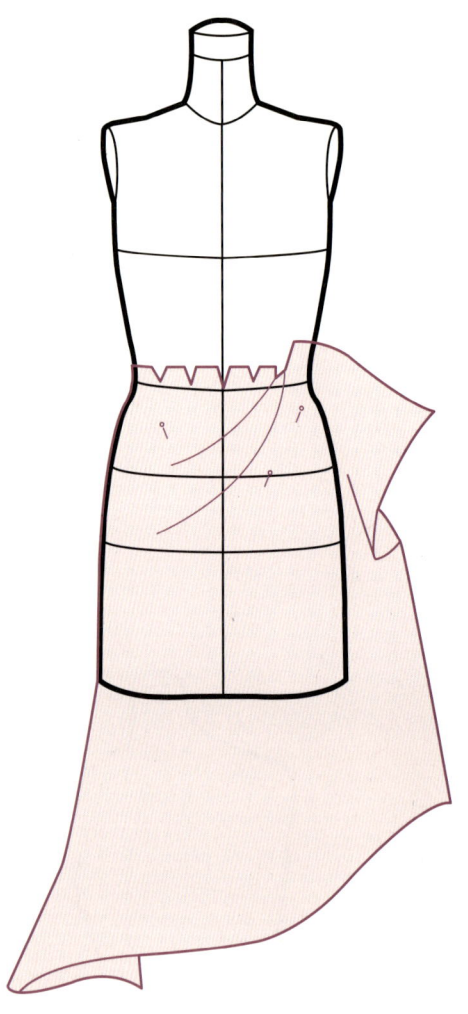

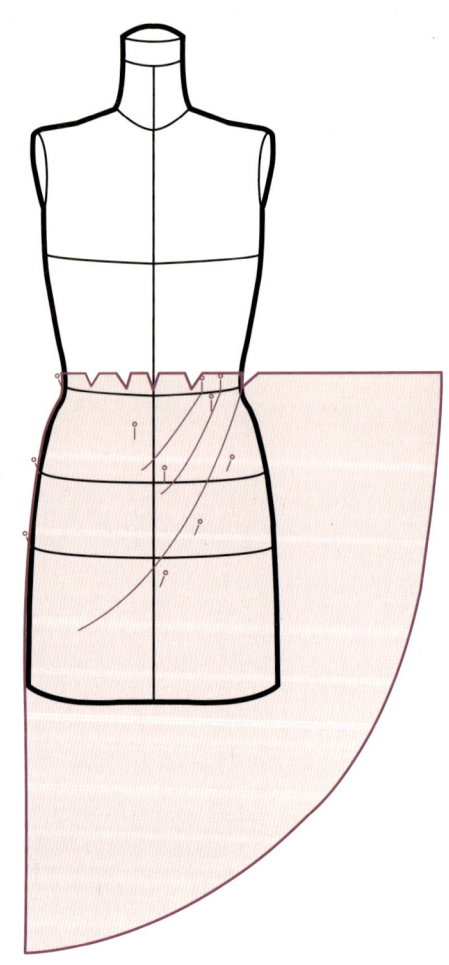

3 패턴

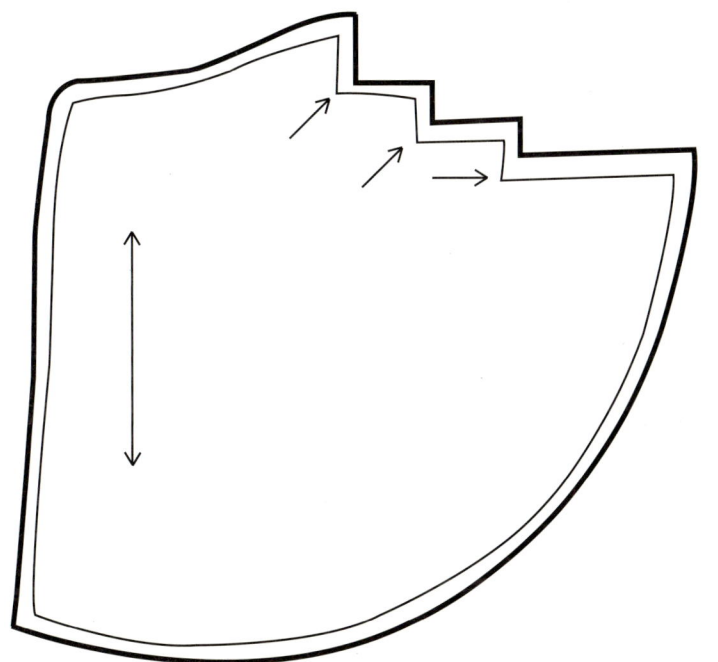

칼라(Collar) IV

1. 셔츠 칼라
(Shirts Collar)

칼라의 뒷중심에 스탠드 분이 있고 앞중심으로 갈수록 스탠드 분이 적어지는
칼라이다. 스탠드 분, 칼라의 외곽선, 네크라인의 파임정도에 따라 다양한
디자인을 표현할 수 있다.

① 준비

- **머슬린의 길이**: 30cm

- **머슬린의 폭**: 15cm
  뒤중심선을 긋는다. 2.5cm의 시접분을 준다.

② 드레이핑, 마킹

뒷중심선을 뒷목점에 대고 핀 고정한다.

뒷목점에서 옆목점까지 가위밥을 주면서 드레이핑한다. 이때 옆목점까지는 식서선을 사용한다.

뒤중심에서 스탠드 분을 정하여 고정하고 칼라의 깃을 접어 뒤중심선에 맞춘다.

뒷중심에서 2cm까지 직각으로 핀고정한다.

옆목점에서 자연스럽게 꺾어 칼라의 모양을 잡는다.

스타일라인테이프로 칼라의 형태를 디자인한다. 머슬린의 시접은 1cm으로 정리하고 목둘레선, 뒷목점, 옆목점, 앞목점을 마크한다.

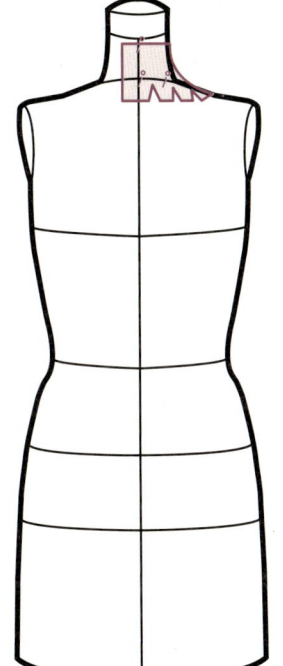

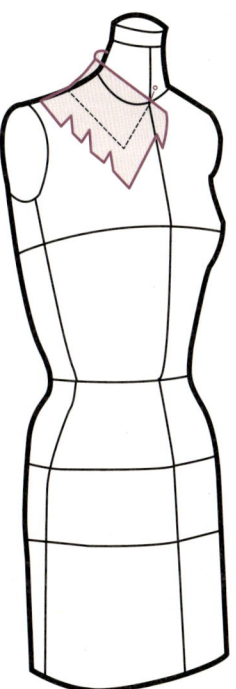

❸ 패턴

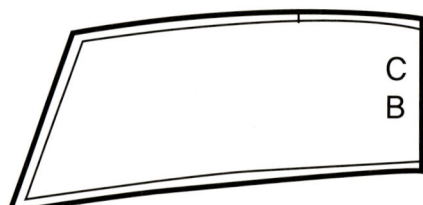

2. 밴드칼라
(Band Collar)

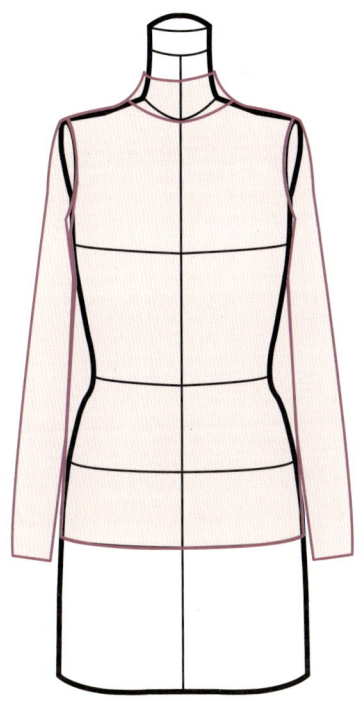

밴드 모양의 칼라로 여밈이 뒤에 있는 칼라이다. 목둘레 선을 따라 스탠드되는 칼라로 칼라 폭을 변화시켜 다양한 디자인을 할 수 있다.

❶ 준비

- **머슬린의 길이**: 28cm

- **머슬린의 폭**: 10cm
  앞중심선을 그린다. 2.5cm의 시접분을 준다.

❷ 드레이프, 마킹

바디의 앞중심선에 머슬린의 앞중심선을 대고 핀 고정한다.

앞중심에서 가위밥을 주면서 옆목점으로 드레이핑한다.

칼라의 윗부분은 약간 여유를 주고 뒤목점까지 가위밥을 주면서 드레이핑한다.

스타일 라인테이프로 칼라를 디자인한다.

앞중심과 뒤중심의 깃높이, 뒤중심과 네크라인이 만나는곳, 옆목점에 마크한다.

칼라의 시접은 1cm로 한다.

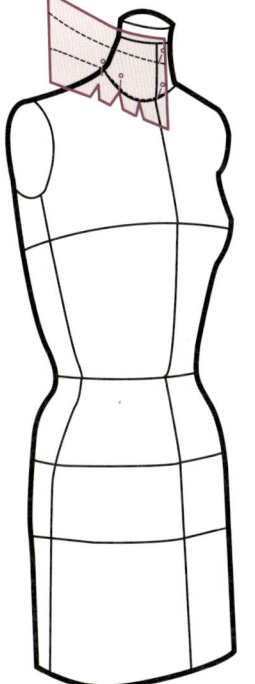

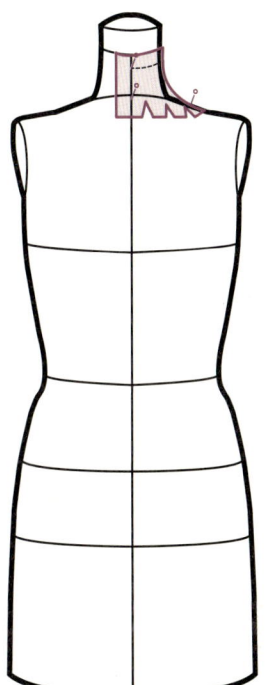

❸ 패턴

3. 피터팬 칼라
(Peterpan Collar)

목둘레선에서 부드럽게 잘 맞는 칼라로 어깨위에 평편하게 놓인다. 깃의
높이는 셔츠칼라와 플랫 칼라의 중간 정도이다.

칼라의 폭은 좁은 것부터 넓은 것까지 다양하게 변화시킬 수 있으며 칼라의
외곽선도 여러 가지 형태로 디자인할 수 있다.

❶ 준비

- **머슬린의 길이**: 30cm

- **머슬린의 폭**: 30cm

  뒤중심선을 그린다. 시접 분을 2.5cm을 준다.

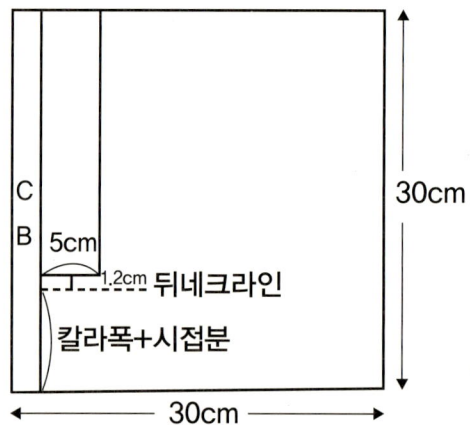

2 드레이핑, 마킹

머슬린의 위가 아래로 가도록 하여 바디의 뒤중심선에 머슬린의 뒤중심선을 맞추고 핀 고정한다.

뒷목둘레선을 따라 가위밥을 주면서 옆목점까지 드레이핑 한다.

머슬린을 위로 올린 상태에서 앞목선까지 가위밥을 주면서 드레이핑한다.

스탠드 양을 정하고 아래로 내려 뒤중심에 핀 고정 한다.

원하는 칼라 폭을 정하고 스타일 라인테이프로 칼라의 모양을 디자인한다.

가장자리에 가위집을 넣어 평편하게 놓이도록 한다.

목둘레선, 뒷목점, 옆목점, 앞목점, 칼라의 윤곽선에 마크한다.

시접은 1cm로 한다.

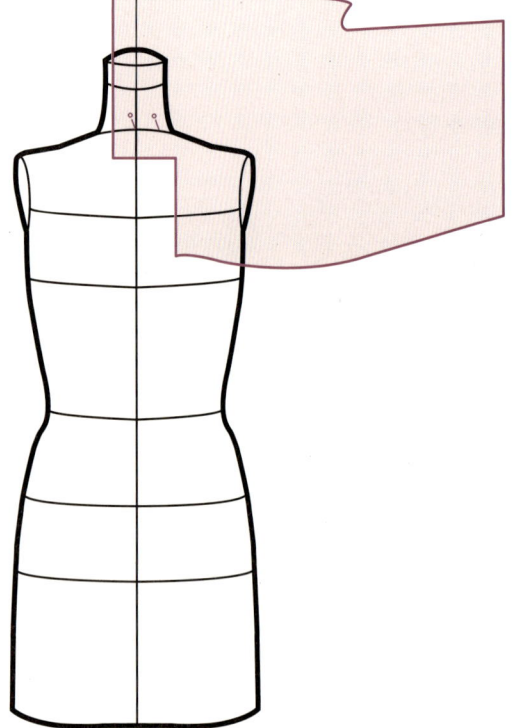

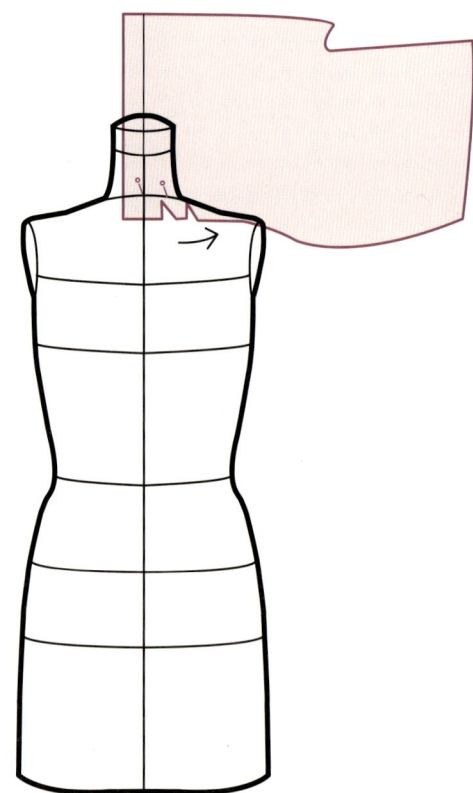

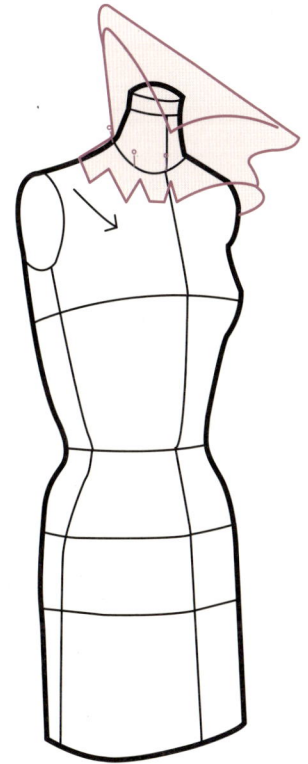

❸ 패턴

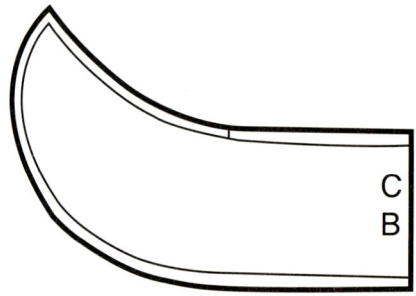

C
B

4. 숄 칼라
(Shawl Collar)

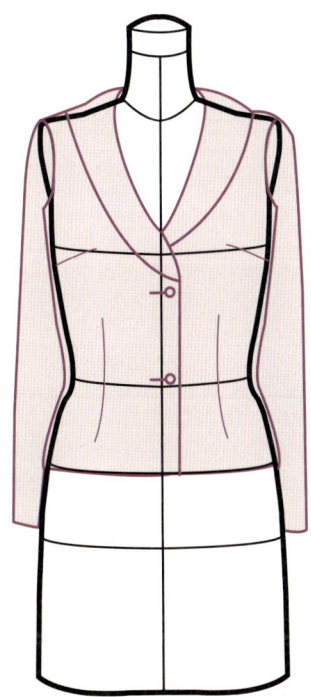 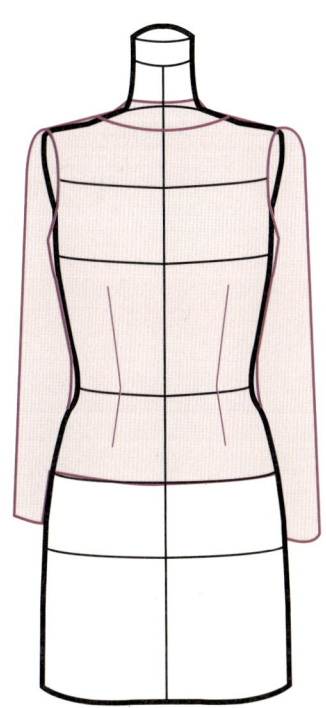

숄을 걸친 모양의 칼라로 앞여밈이 있는 형태이다. 칼라의 폭, 길이 꺾임분의
높이에 따라 다양한 디자인으로 표현된다.

❶ 준비

- **머슬린의 길이**: 앞중심길이+25cm

- **머슬린의 폭**: 가슴선에서 앞중심선에서 옆선까지의 길이+22cm
  머슬린의 오른쪽 끝 가장자리에서 15cm안으로 앞중심선을 긋고 여밈분을
  2.5cm준다. 단추의 사이즈에 따라 가감한다.
  광목위에서 25cm 내려와 네크라인을 표시한다.

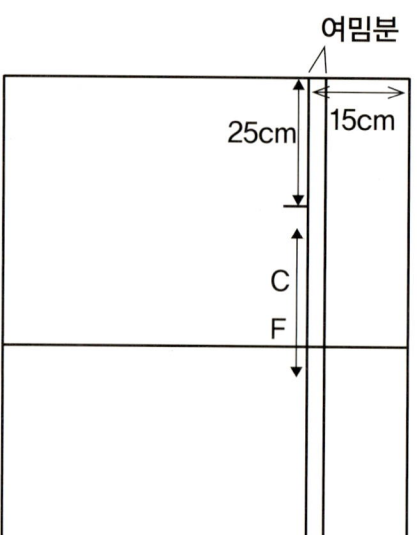

❷ 드레이핑, 마킹

뒤판을 먼저 드레이핑하고 앞판을 드레이핑한다.

드레이핑한 뒤판의 어깨부분을 핀 고정한다.

B.P점에 핀 고정하고 앞중심에 핀을 꽂는다.

옆목점에 핀고정한다. 어깨부분을 쓸어 넘겨 핀 고정한다. 어깨 뒤에서 옆목점까지 머슬린을 자른다. 가위밥을 주고 목선과 어깨에 핀 고정한다.

낸단분에 라펠이 시작되는 부분에 핀을 꽂는다.

머슬린을 젖혀서 칼라의 꺾임선을 만든다.

뒤 네크라인 부분에 가위집을 넣으며 핀 고정한다. 머슬린의 가장자리에서 원하는 칼라의 폭을 정하여 가위밥을 준다.

허리다아트와 가슴다아트 상의 원형과 같이 드레이핑한다.

스타일 라인테이프로 칼라의 디자인을 정하고 시접을 1.5cm 남기고 잘라낸다.

마크하고 시접을 정리한다.

안단과 겉칼라는 한판으로 재단되고 어깨와 앞중심의 안단의 폭을 정한다.

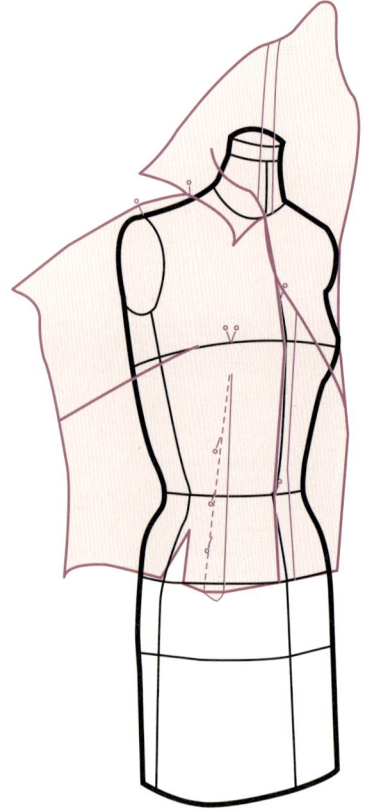

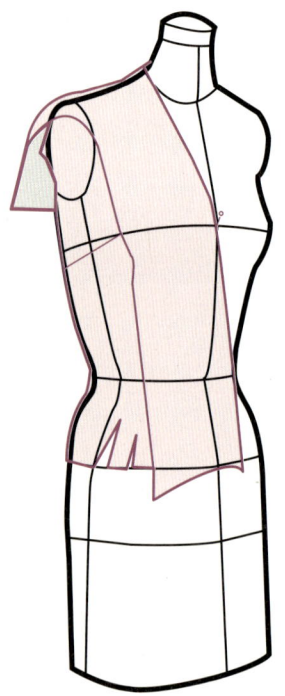

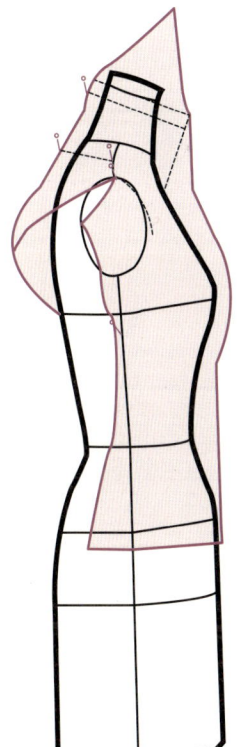

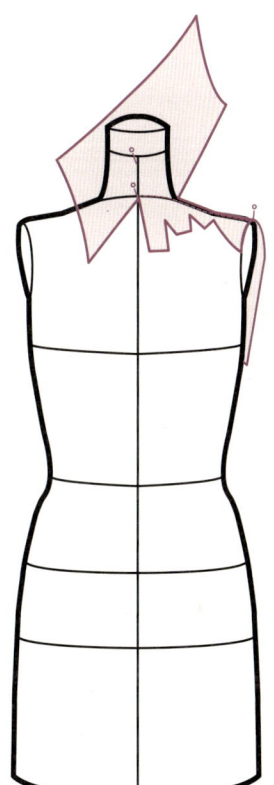

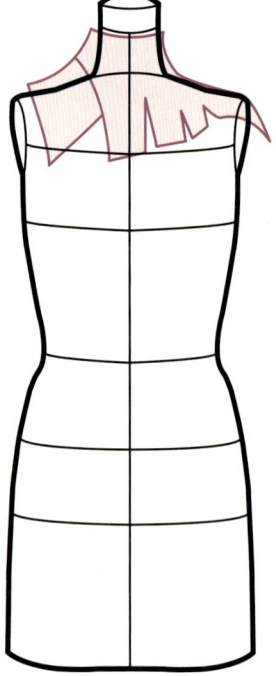

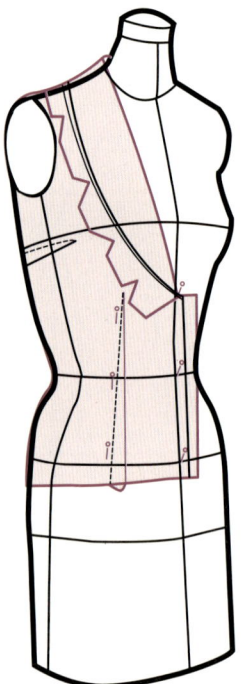

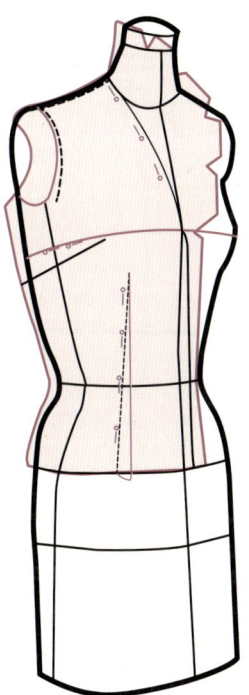

❸ 패턴

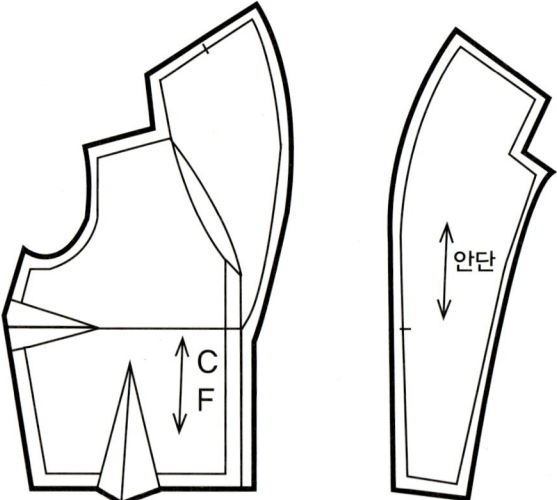

소매(Sleeves)

V

1. 기모노 소매
(Kimono Sleeve)

암홀이 없는 형태로 가장 단순한 슬리브이다. 소매가 몸판과 연결되어 있어서
활동성이 있어야 하므로 여유있는 느슨한 소매가 많다.

❶ 준비

- **머슬린의 길이**: 목선에서 허리까지 길이+20cm

- **머슬린의 폭**: 짧은 소매는 머슬린 폭의 1/2폭, 긴소매는 머슬린의 전체 폭을 사용한다.
  머슬린의 앞, 뒤판 가장자리에 5cm 시접을 두고 식서를 긋는다.

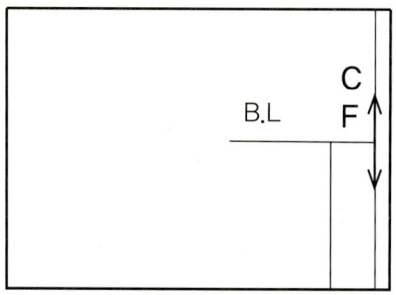

❷ 드레이핑, 마킹

바디의 앞중심선과 머슬린의 앞중심선을 대고 B.P점을 맞추어 핀 고정한다.

목둘레를 가위밥을 주어 드레이핑하고

앞,뒤판의 어깨와 옆선을 그림과 같이 핀을 꽂는다. 어깨와 암홀 교차점에서 1cm올라가 앞,뒤를 포개어 핀을 꽂아준다.

머슬린의 원하는 소매를 디자인한다. 활동성을 주기 위하여 소매의 윗부분은 어깨와 비슷한 각도로 연결하고 소매 아랫부분은 옆선과 만나는 진동점에서 7.5cm아래에 위치하도록 한다. 소매라인을 핀으로 고정하고 마크한다.

앞,뒤를 연결한 채로 뒤판을 위로 테이블에 놓는다. 뒤판의 여유분을 편안하게 소매끝으로 가면서 없애준다.

소매패턴을 반으로 접어 패턴의 소매산아래 1cm부분을 뒤판 어깨 1cm올라간 부분에 대고 핀을 꽂는다. 팔꿈치 부분은 소매패턴보다 2cm이상 넓게 하여 마크한다.

마크한 소매라인 그려준다. 앞, 뒤판의 핀을 꽂은 채로 먹지를 대고 소매부분을 앞판에 표시한다.

핀을 빼어 앞, 뒤판을 분리하고 마크한 부분을 그린다.

옆선과 암홀은 가위 밥을 준다.

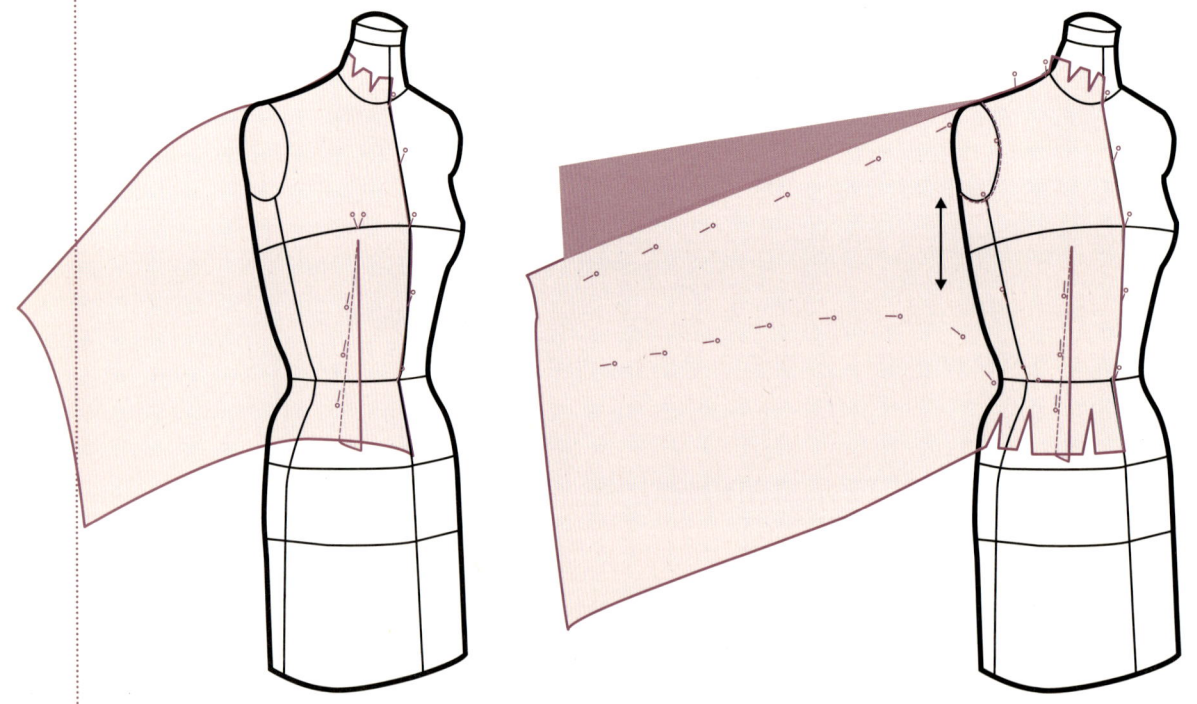

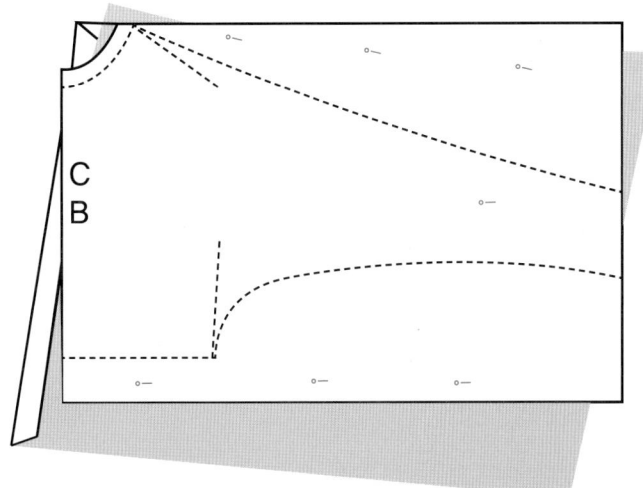

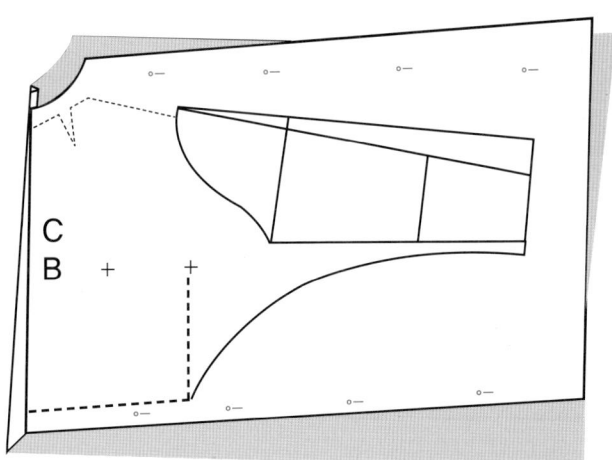

3 패턴

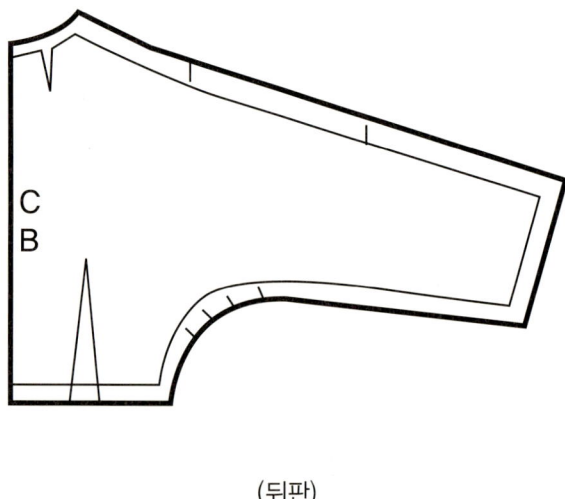

(뒤판)

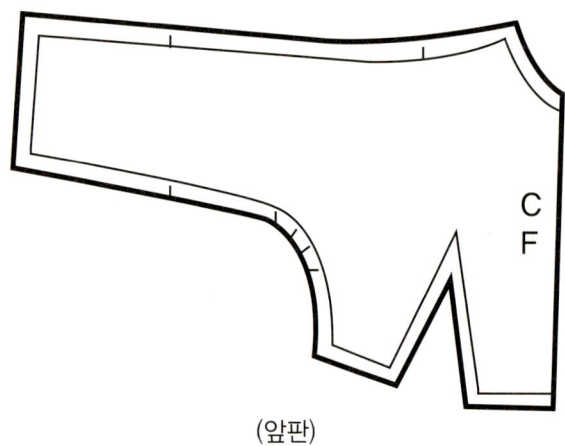

(앞판)

2. 프린세스라인 기모노 소매
(Princess Kimono Sleeve)

기본 기모노 소매와 같이 암홀 선은 없으나 소매 폭이 몸에 맞는 소매이다.

1 준비

바디에 스타일 라인테이프로 프린세스 패널을 디자인 한다. 바디의 암홀 플레이트 중심에서 2.5cm 아래에서 디자인한다.

- **머슬린의 길이와 폭**: 앞중심과 뒤중심의 패널은 1.기모노 소매와 같이 준비한다. 프린세스 패널은 스타일 라인 테잎으로 표시한 길이와 폭에 13cm의 여유를 준다.

2 드레이핑

앞,뒤판의 프린세스 패널을 드레이핑한다.

마크을 하고 앞,뒤판의 옆선을 연결하여 바디에 핀 고정한다.

앞,뒤 중심의 패널은 1.기모노 소매와 같은 방법으로 드레이핑 한다.

어깨솔기를 1cm 올려주는 것을 1.기모노 소매와 같이 한다.

어깨선, 옆목점과 어깨점, 프린세스패널과 암홀이 만나는 곳, 프린세스라인, 허리에 마킹을 한다.

프린세스 라인따라 B.P점 위, 아래 5cm에 마크한다.

앞, 뒤 같이 핀을 꽂은 채로 바디에서 떼어 낸다. 어깨솔기를 제외하고 마크한 것을 그린다.

프린세스 패널과 암홀이 만나는 지점을 앞, 뒤판 같이 핀 고정한다.

기본 소매 패턴을 반으로 접어 머슬린위에 45도 각도로 놓고 암홀의 마크한 부분을 몸판의 암홀 마크한 부분에 맞춘다.

소매 패턴의 팔둘레 연장선에서 1.25cm 연장하여 표시한다.

암홀의 +표시를 회전점으로 하면서 1.25cm 올려 표시한 점까지 회전시킨다.

1.25cm 표시점에서 팔꿈치에 이르는 겨드랑이 밑 배래선을 곡자로 그린다.

프렌치 자를 이용하여 어깨솔기선과 소매 중심선을 연결한다.

뒤판의 어깨와 소매를 먹지를 대고 앞판에 그린다. 어깨점, 소매의 팔둘레선, 팔꿈치에 마크한다.

머슬린의 시접을 정리하고 암홀에 가위밥을 준다.

프린세스 패널과 몸판을 연결한다.

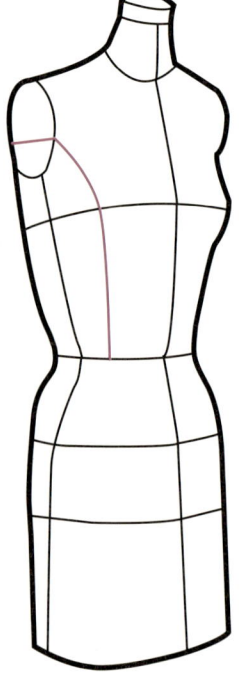

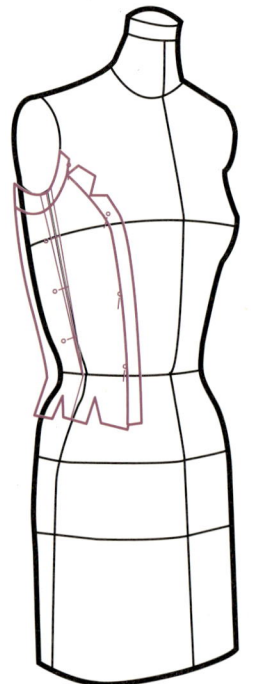

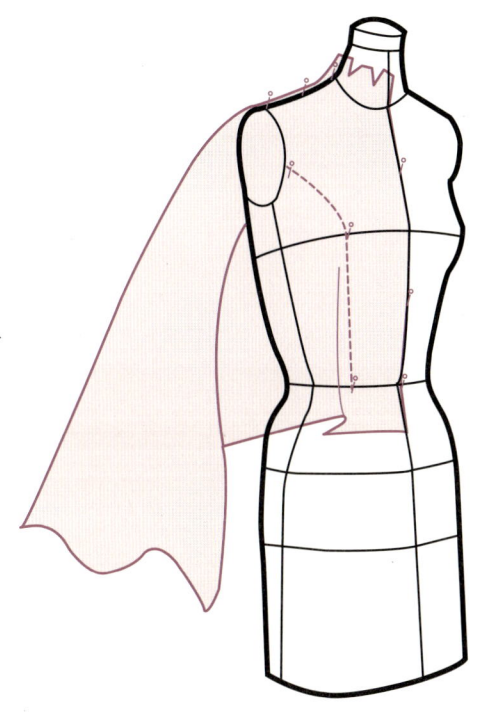

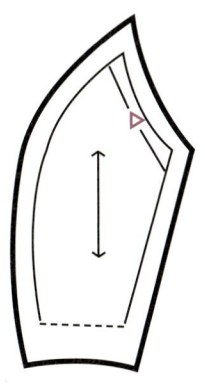

프린세스패널

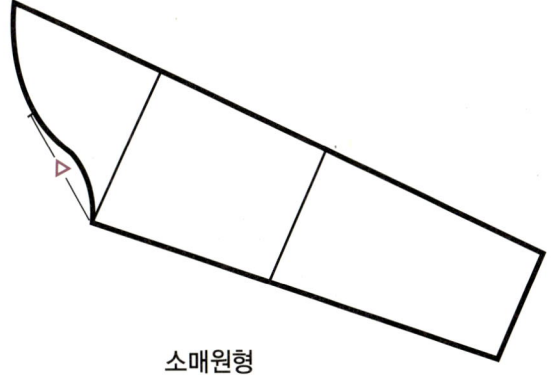

소매원형

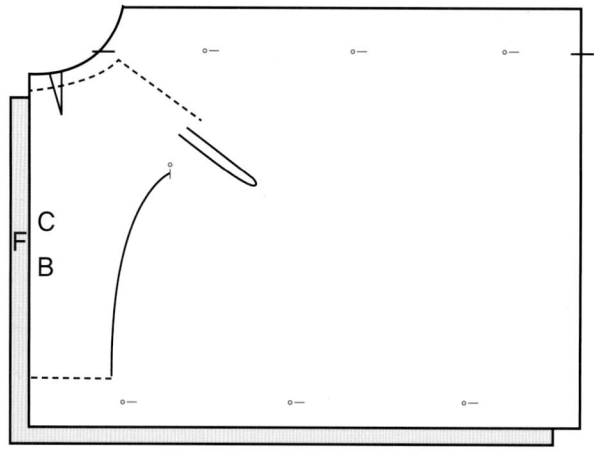

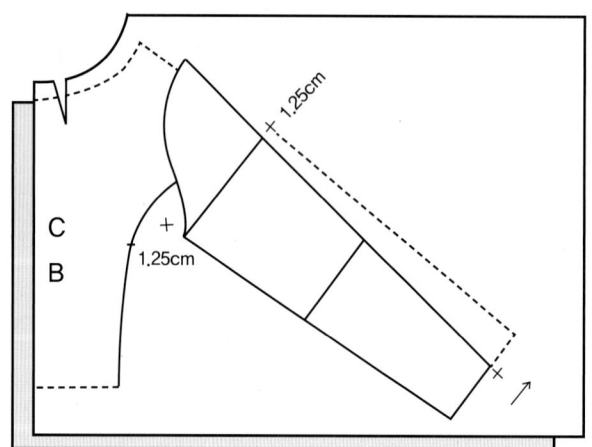

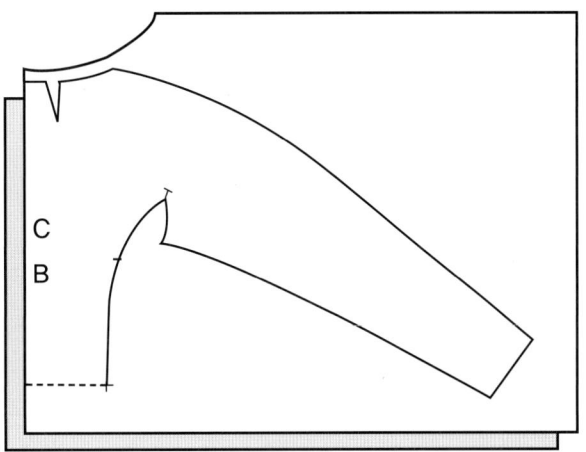

C

B

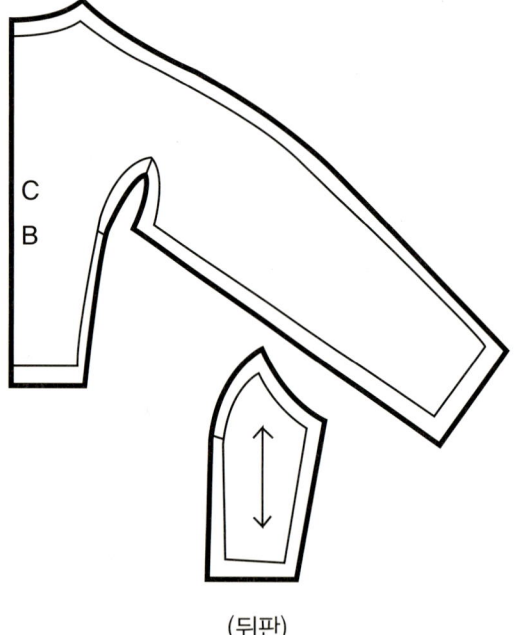

(뒤판)

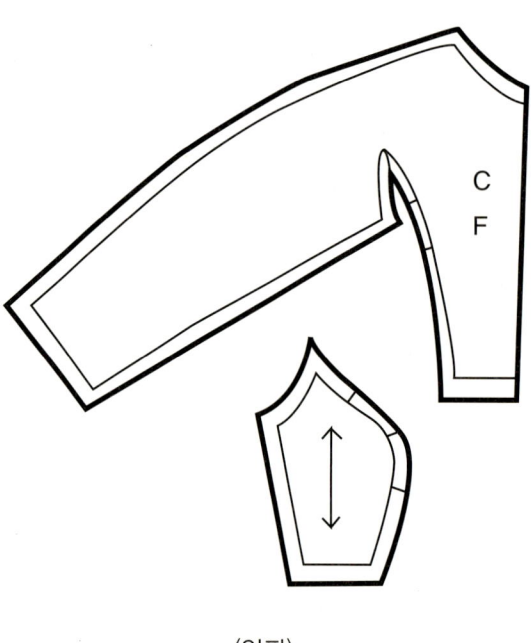

(앞판)

3. 라글란 소매
(Raglan Sleeve)

암홀 밑에서 네크라인으로 연결하는 소매로 한 장의 소매로 재단되거나
어깨에서 연장한 팔위에 솔기선이 있는 두장 소매로 드레이핑 할 수 있다.

❶ 준비

• **머슬린**

• **몸판–** 상의 원형과 같이 준비한다.

• **라글란 소매–길이:** 소매패턴의 길이+21cm

         폭: 소매패턴의 폭+10cm

바디에 스타일 라인 테잎으로 라글란 라인을 정한다.

팔둘레선	↕
팔꿈치둘레선	

❷ 드레이핑, 마킹

몸판을 상의 원형과 같은 방법으로 허리 다아트 잡고 드레이핑 한다. 테잎을 붙인 라글란 솔기와 암홀의 교차점에 마크한다.

네크라인과 암홀 솔기 교차점에 마크한다. 바디에서 떼어내어 옆솔기를 연결한 채로 정리한다.

앞,뒤를 연결한 몸판에 암홀 솔기를 맞추어 소매원형을 올려놓는다. 라글란 솔기와 암홀의 교차에 마크한곳을 소매 원형의 소매산에 마크한다.

준비한 머슬린에 소매원형을 올려놓고 먹지를 대고 팔꿈치 아래 부분을 그린다.

소매원형의 팔 둘레선 양쪽 옆에 1.25~2.5cm 위로 회전시킨다. 이 과정은 소매에 여유분을 준다. 소매의 회전 점에 마크한다. 올려진 소매산부터 팔꿈치까지 힙 곡자를 사용하여 그린다.

1.5cm의 시접을 주고 소매산 마크한 부분을 가위 밥을 준다.

소매안쪽에 핀을 꽂는다. 몸판의 가위 밥을 준 부분까지 소매를 핀으로 연결하고 바디에 다시 고정한다.

소매 중심선을 45도 각도를 이루면서 라글란 라인을 드레이핑 한다.

어깨점에서 1cm 올려 핀을 꼽아 원래 어깨시접보다 높여준다. 어깨를 따라 핀으로 마크한다. 올려진 어깨솔기에서 소매산 중간 정도까지 곡선으로 핀을 꽂는다.

소매에 라글란 솔기를 마크한다.

암홀과 어깨점 교차에 마크한다.

핀을 꽂은 채로 바디에서 분리한다. 앞 어깨를 정리하고 먹지를 대고 뒤판에 그린다. 라글란선을 그려준다. 어깨솔기에 시접부분은 다아트의 형태가 된다.

다아트 끝에서 소매중심을 따라 소매부리까지 절개하면 2장 소매가 되며 소매중심선에 시접을 주어야 한다.

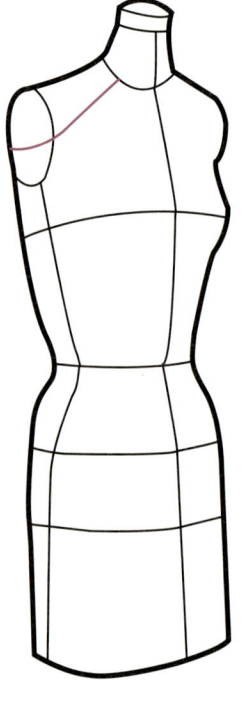

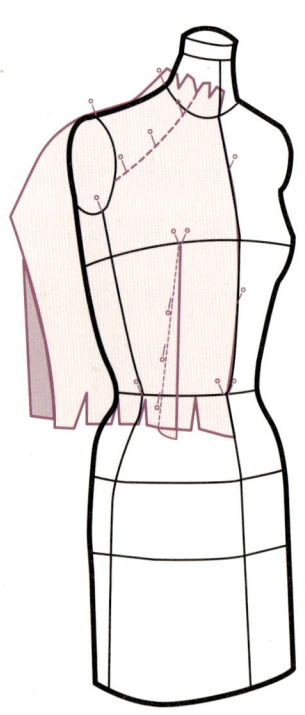

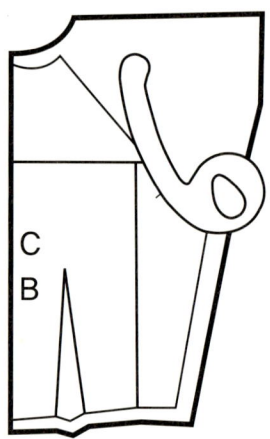

C
B

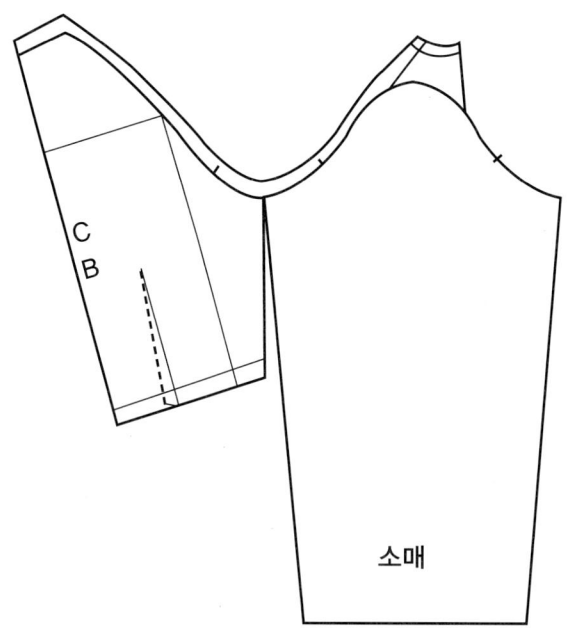

C
B

소매

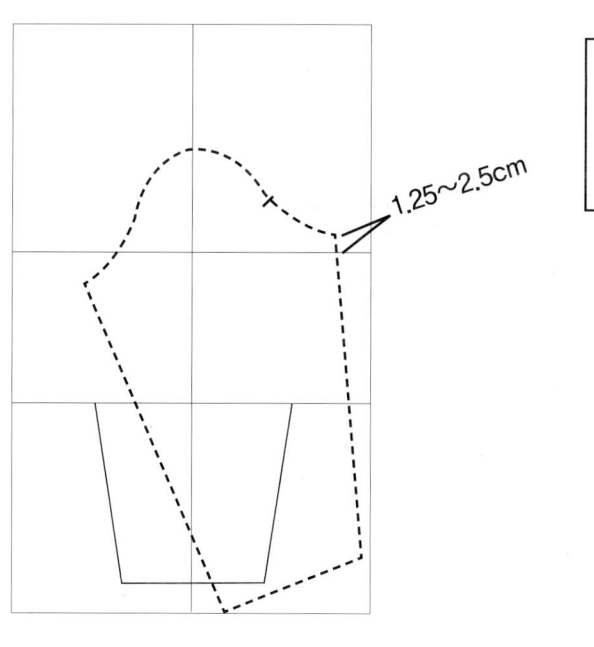

1.25~2.5cm

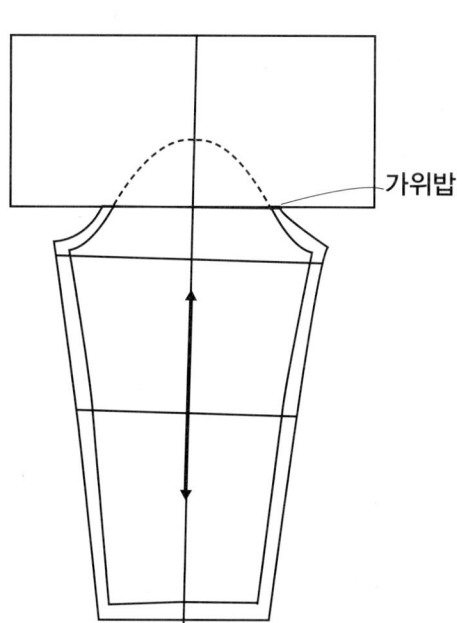

가위밥

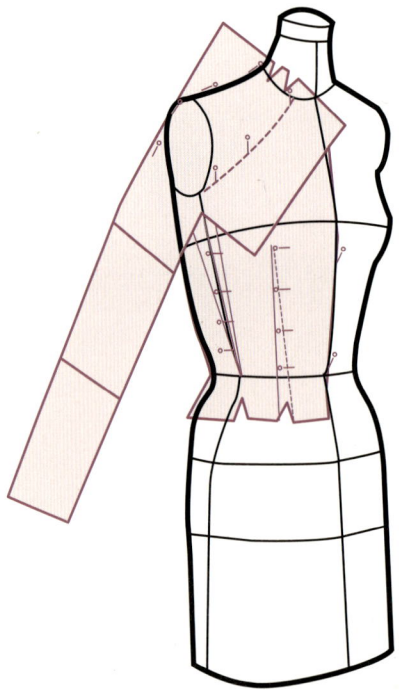

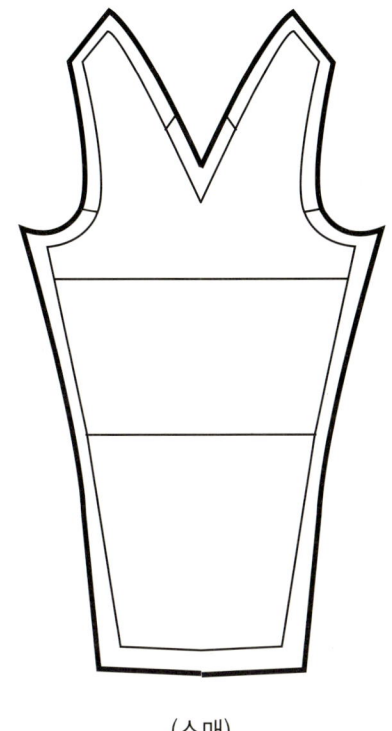

(소매)

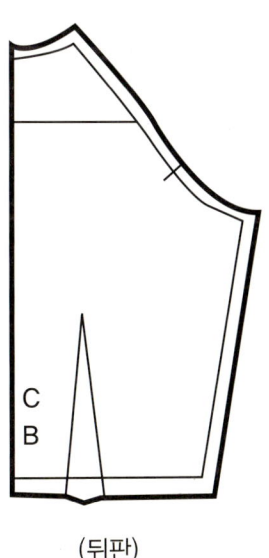

C
B

(뒤판)

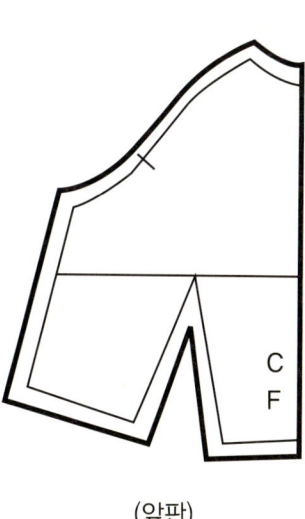

C
F

(앞판)

드레스(Dress) VI

1. 홀터 넥 드레스
(Halterneck Dress)

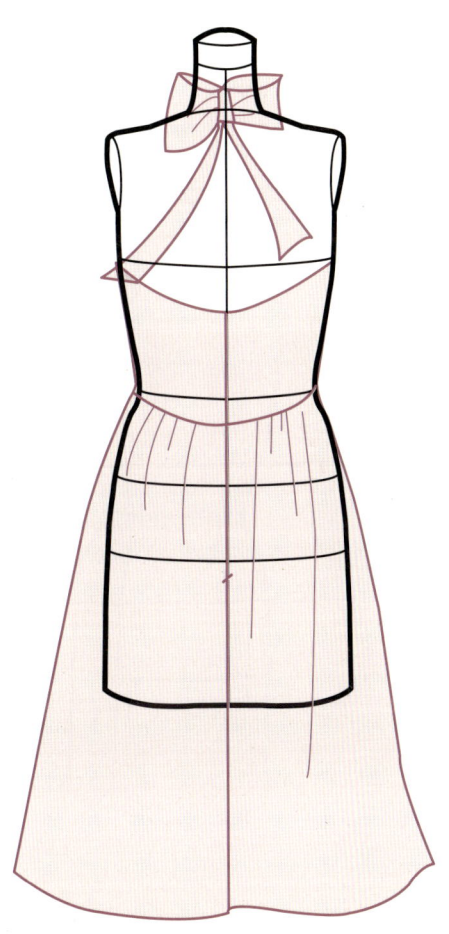

홀터넥 드레스는 어깨솔기 없이 앞, 뒤판이 연결되는 것으로 어깨가
노출되므로 홈웨어, 리조트 웨어, 이브닝 드레스 등의 디자인에 이용된다.
인체에 밀착되는 디자인으로 여유량을 주지 않고 바디스탠드에 붙이면서
재단한다.

① 준비

바디에 홀터넥 윗부분을 디자인하고 스타일 라인 테잎으로 붙인다.

- **몸판**: 머슬린의 길이 70cm

- **스커트**: 머슬린의 길이 95cm

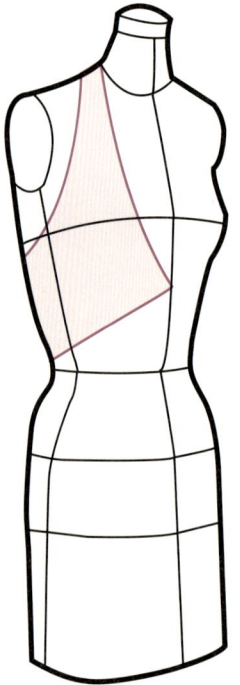 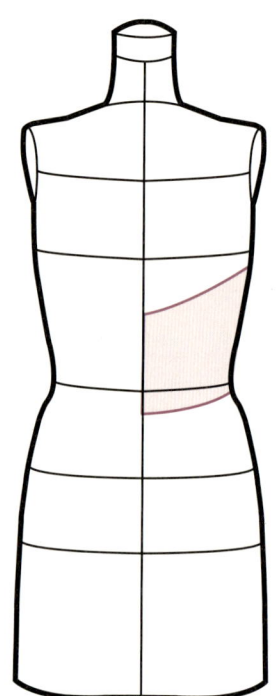

❷ 드레이핑, 마킹

- **스커트**

    개더를 주어 디자인 하므로 몸판과 연결되는 지점보다 18cm 정도 여유를
    주어 몸판 위쪽으로 올려놓고 시작한다.

    머슬린을 앞중심보다 10cm 이상 여유를 두고 앞, 뒤판을 한 장으로 하여
    바디에 두른다.

    스커트에 디자인한 선을 따라 스타일 라인 테잎을 붙인다. 머슬린을 상하로
    움직이며 개더를 잡는다.

    허리선 부분에 ---표시, 앞 중심과 허리선, 옆선과 허리선, 뒷중심과 허리선
    부분에 +표시하고 마크한대로 그린다. 개더부분을 홈질한다.

- **몸판**

    앞중심과 B.P에 핀을 꽂는다.

    허리에 다아트를 만들고 네크라인을 드레이프한다.

    네크라인에 가위 밥을 주며 스타일 라인 테잎의 선을 따라 드레이프한다.

    머슬린이 느슨해지지 않도록 바디에 밀착시킨다. 뒷중심에 리본으로 묶을 수
    있도록 여유있게 남긴다.

    허리부분의 머슬린을 편평하게 하여 뒷중심까지 여유없이 드레이프한다.

    앞중심, 네트라인, 뒷중심까지 연결되는부분, 암홀, 허리선에---표시한다.

    몸판을 바디에서 떼어내어 마크한 것을 그리고 스커트와 연결한다.

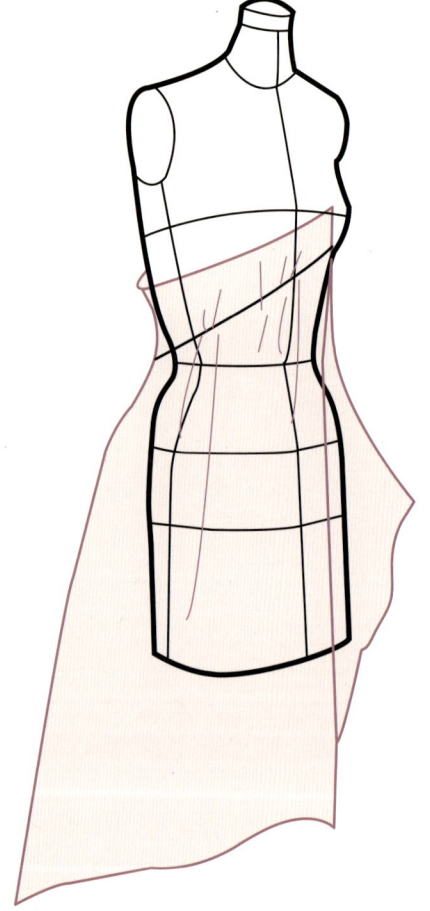
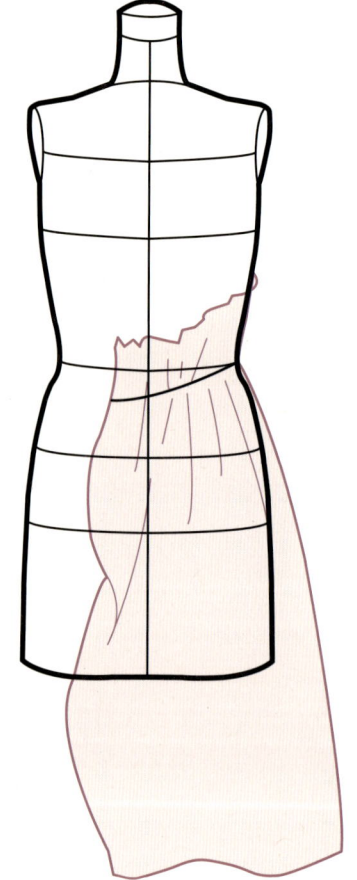

❸ 패턴

C
F

(스커트)

2. 카울 드레스
(Cowl Dress)

카울이라는 단어는 수도사들이 입었던 모자 달린 겉옷을 지칭하는 것이었으나 현대에는 모자가 드레이프 되어진 것 같은 모양으로 부드러운 곡선을 이루고 바이어스 방향으로 접혀져서 수평으로 떨어지는 디자인을 의미한다.

네크라인 윗부분에 디자인하는 높은 카울과 가슴선 부분의 낮은 카울 디자인 있다. 블라우스, 이브닝 드레스에 주로 이용한다. 앞판뿐만 아니라 뒤판, 암홀에도 디자인하여 우아함과 여성스러움을 표현할 수 있다.

① 준비

가로, 세로 각 80cm이상

머슬린을 정 바이어스로 접어 대각선을 만든 후 펼쳐서 바이어스 선대로 선을 긋는다.

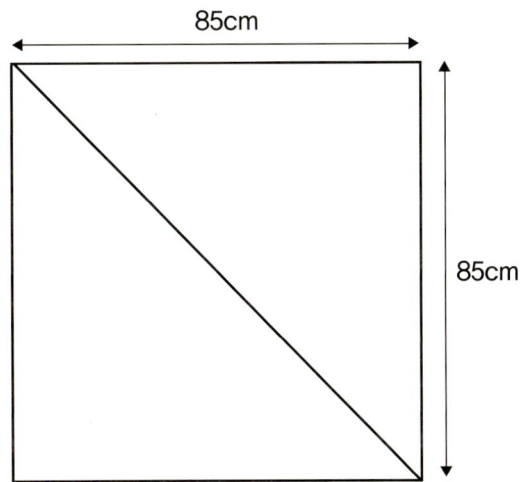

2 드레이핑, 마크

원하는 네크라인의 깊이와 폭을 정한다.

머슬린의 사각형 한쪽부분을 접어 바디의 네크라인, B.P 부분에 핀고정한다. 접힌 부분은 안단부분으로 5cm 이상 접어야한다.

바이어스선을 앞 중심선에 맞추면서 주름을 만들어 어깨에 핀을 꽂는다. 주름은 부드럽게 만든다.

카울의 높이와 머슬린의 크기에 따라서 주름의 수가 달라지므로 네크라인을 깊게 파거나 주름을 많이 만들고자 하면 광목의 크기를 크게 준비한다.

네크라인 깊으면서 주름이 많으면 다트가 없어도 되고 네크라인이 높으면서 주름이 적으면 옆선에서 B.P로 향하는 프렌치 다트를 잡아준다.

뒤판은 기본원형을 참고하여 다트를 만든다.

어깨, 암홀, 허리, 다트에 ---표시한다. 드레이프가 잘된 쪽을 마크하여 먹지를 대고 표시한다.

스커트는 플레어스커트로 드레이핑하여 허리선에서 연결한다. (III장 참고)

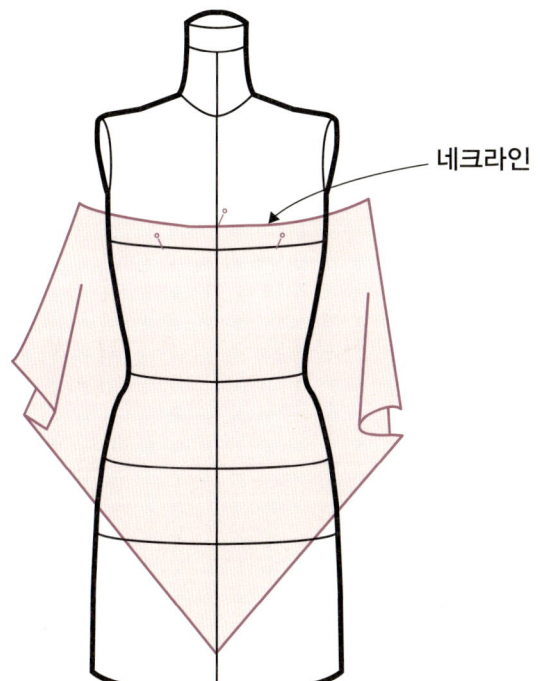

네크라인

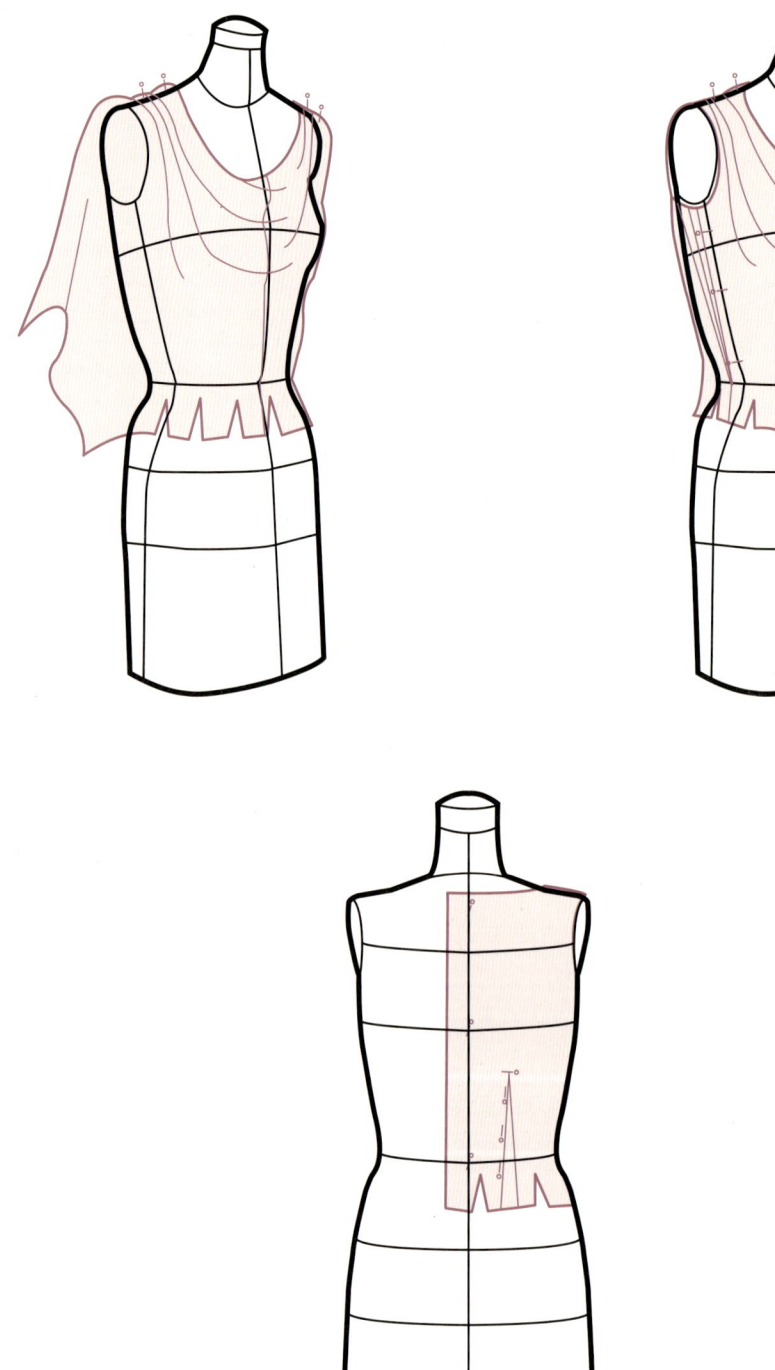

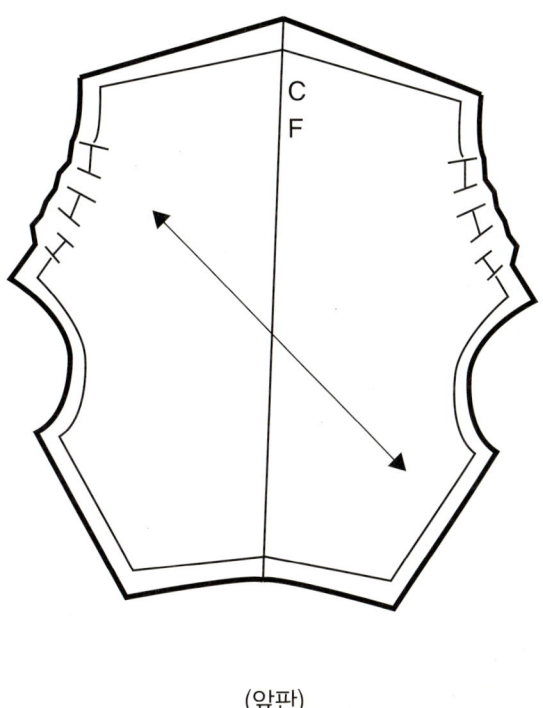

(앞판)

3. 드레이핑 비대칭드레스
(Draping Asymmetric Dress)

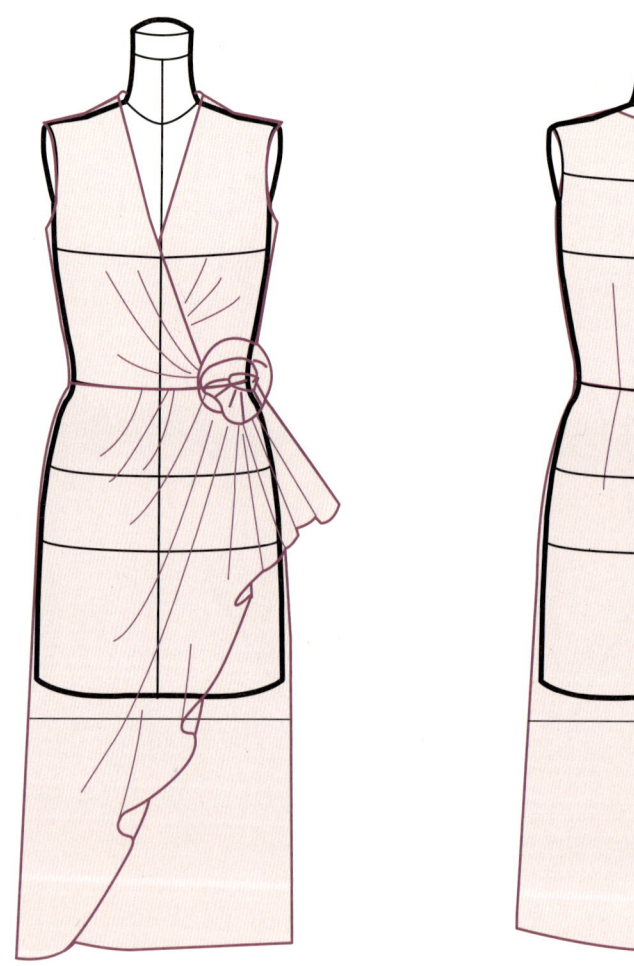

길과 스커트를 모두 드레이프로 구성하여 연결한 드레스로 비대칭라인은
드레이프의 우아함을 강조한다. 길과 스커트를 나누어 주름을 만들어
재단하며 각각 단독으로도 활용할 수 있다.

⚐ 앞길

❶ 준비

- **머슬린의 길이:** 바디의 목에서 허리까지 길이+15cm

- **머슬린의 폭:** 앞 중심의 가슴선에서 옆선의 가슴선까지의 길이+18cm

❷ 드레이핑,마킹

앞길의 앞 중심과 가슴 둘레선을 바디에 맞추어서 댄다. B.P상에서 주름을 잡아 앞 중심쪽으로 고정한다. 두 번째, 세 번째 주름을 가볍게 잡아 고정한다. 네크라인을 접어서 고정하고 허리에 가위 밥을 준다. 암홀은 일반적인 슬리브리스로 마무리한다. 허리와 암홀의 완성선에 스타일 라인테이프로 붙여 표시한다.

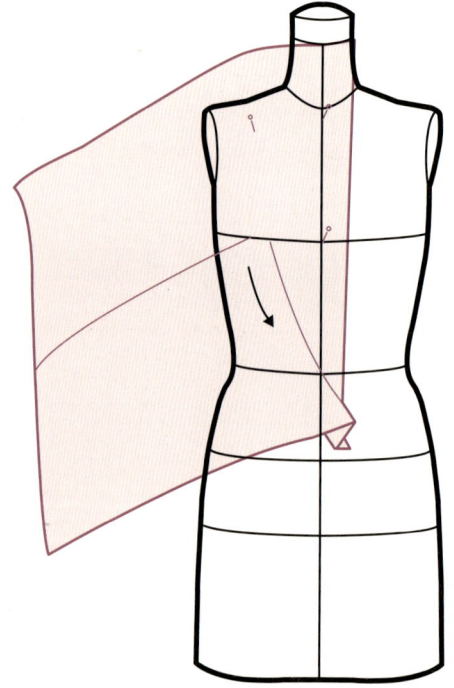
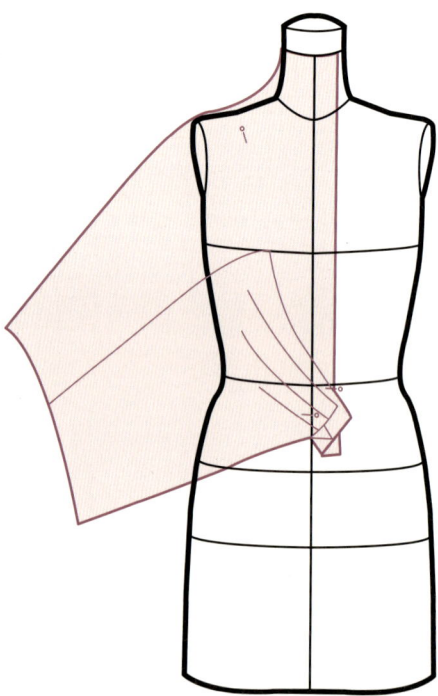

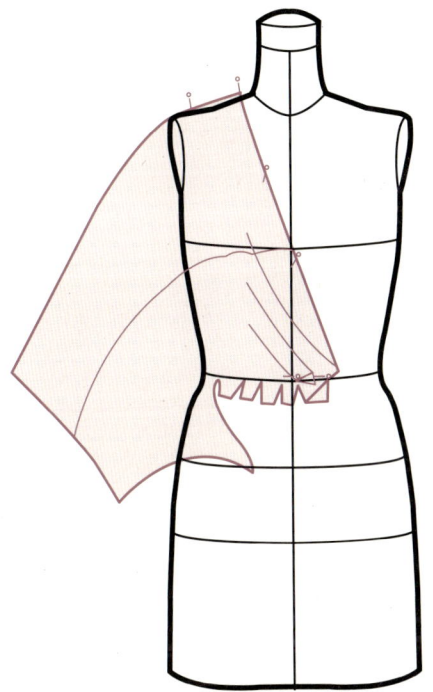

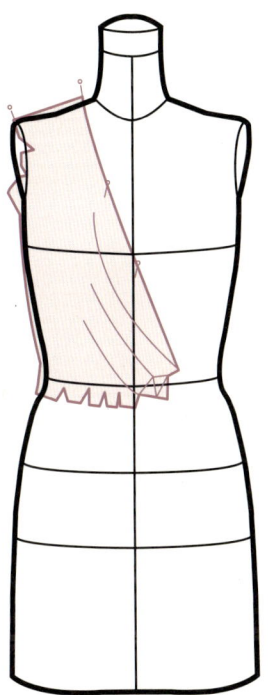

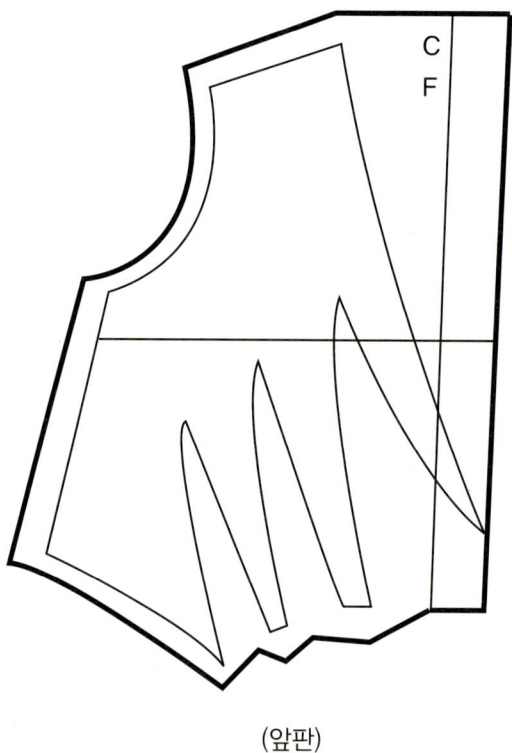

(앞판)

ꅐ 스커트

1 준비

- **머슬린 길이**: 스커트길이+20

- **머슬린의 폭**: 90cm

2 드레이핑, 마킹

머슬린을 허리선에서 15~20cm정도 위로 올려 바디에 댄다. 뒤 중심선에 핀으로 고정하고 앞 위쪽으로 끌어당기듯 휘감는다. 뒤중심을 꼭 맞게 고정하고 뒤 허리쪽에서 앞 위쪽으로 끌어당기듯 드레이프를 잡는다.

드레이프의 강약을 조절하여 고정하고 주름의 강약과 기점을 확실하게 하고 마크한다. 뒤 허리는 가위밥을 준다.

주름을 한꺼번에 잡아 끌어올려 고정한 후 반대로 내려서 수직의 이랑 형태를 만든다. 드레이프의 위치가 최종 결정되면 허리에 남는 부분을 주름 부근까지 가위밥을 넣는다.

가위밥을 준 부분을 꽃이나 리본을 만든다.

드레이프를 부드럽게 정리하고 스커트 길이를 정하여 스타일 라인테이프를 붙인다.

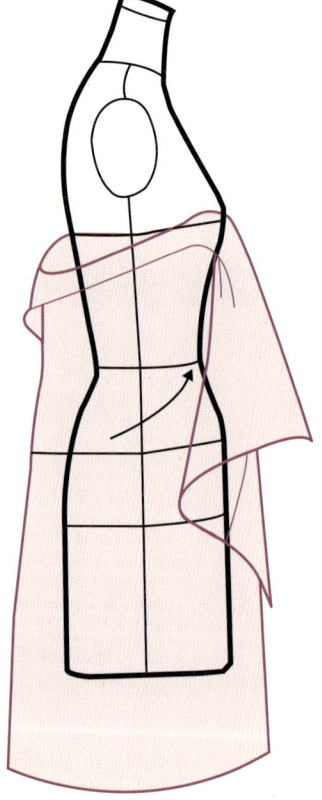

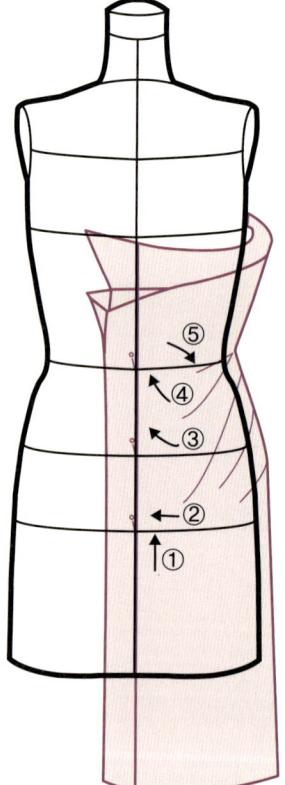

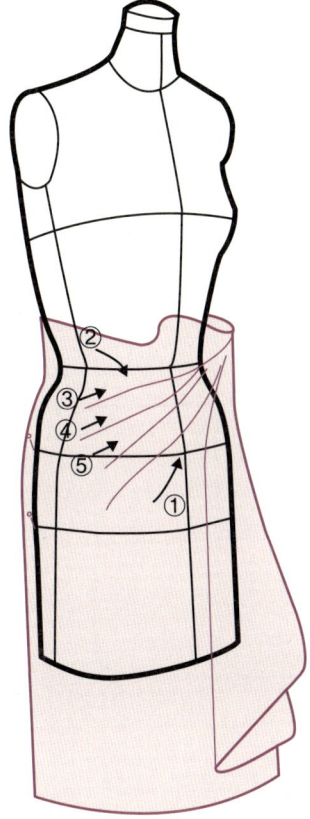

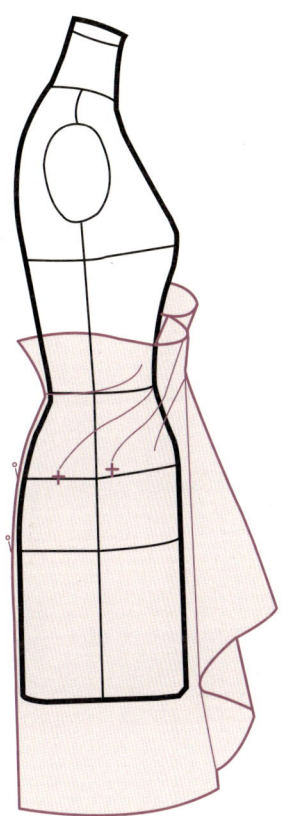

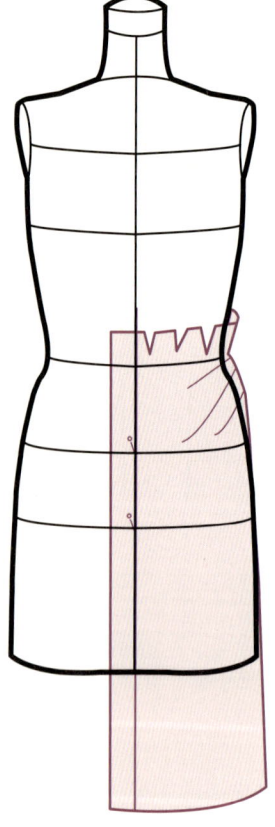
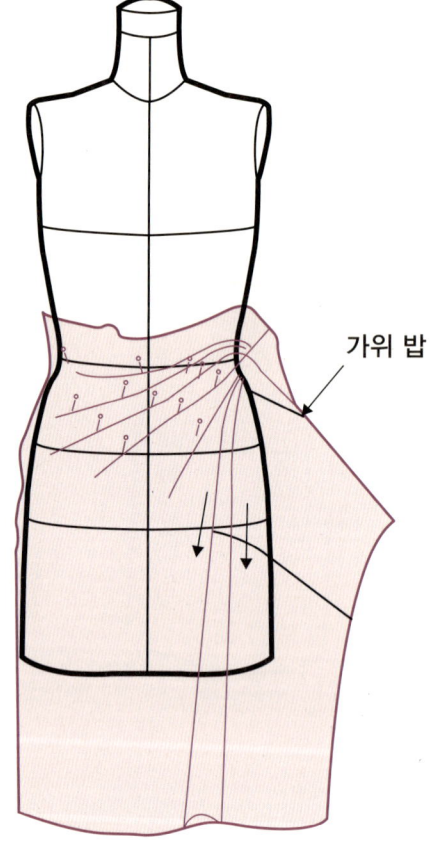

가위 밥

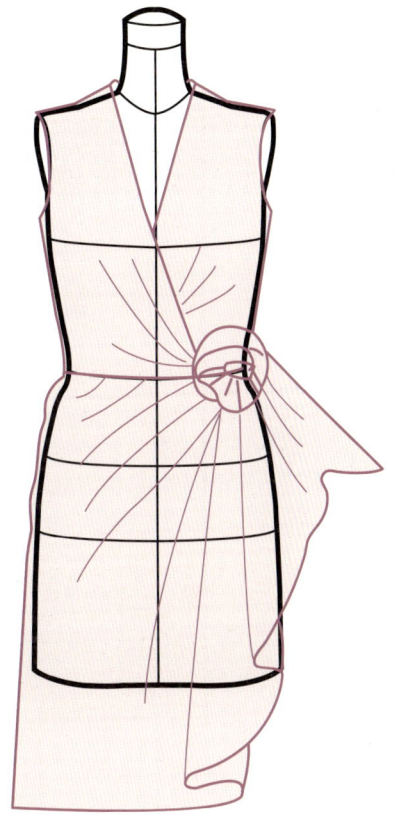

❸ 패턴

C
B

(스커트)

꽃

참고문헌

강순희, 의복의 입체구성, 교문사, 1994

라사라교육개발원 편역 , 곤도렌코, 입체재단의 원리, 도서출판 라사라, 1992

송미령편역, 입체재단, 경춘사,1991

정영자, 입체재단, 교학연구사, 1997

Connie Amaden-Crawford, The Art of Fashion Draping, Second Edition,
        NewYork:firchildpub, 1996

Hisako Sato, ドレープ,, Third Edition, 文化出版局, 2010

Hide Jaffe, Nurie Relis, Draping for Fashion Design, Third Edition, Prentice Hall ,Inc,
        2000

中道友子, パターンマジツク, Seven Edition, 文化出版局, 2007